（高 职）

变电所综合自动化技术

王亚妮　主　编

何发武　赵华军　副主编

中国铁道出版社有限公司

２０２５年·北　京

内 容 简 介

　　本书是铁路职业教育教材。全书共分 6 章,内容包括:计算机网络基本知识、牵引供电系统远动概述、变电所综合自动化概述、变电所综合自动化系统硬件原理、牵引变电所的微机保护及智能装置和变电所综合自动化系统数据通信。其中,第一章还以任务的形式给出了两个实训,便于学生实际操作练习,每章后面都配有复习思考题。

　　本书可作为铁道供电技术专业高职学生用书。也可作为现场工程技术人员参考用书。

图书在版编目(CIP)数据

变电所综合自动化技术/王亚妮主编 . —北京:中国铁
道出版社,2008.8(2025.1 重印)
铁路职业教育铁道部规划教材 . 高职
ISBN 978-7-113-08960-3

Ⅰ.变… Ⅱ.王… Ⅲ.变电所-自动化技术-高等学校:
技术学校-教材 Ⅳ.TM63

中国版本图书馆 CIP 数据核字(2008)第 129733 号

书　　　名:变电所综合自动化技术
作　　　者:王亚妮

责任编辑:武亚雯　　　电话:(010)51873206　　　电子邮箱:624154369@qq.com
编辑助理:阚济存
封面设计:陈东山
责任校对:张玉华
责任印制:高春晓

出版发行:中国铁道出版社有限公司(100054,北京市宣武区右安门西街 8 号)
网　　　址:https://www.tdpress.com
印　　　刷:北京铭成印刷有限公司
版　　　次:2008 年 8 月第 1 版　　　2025 年 1 月第 11 次印刷
开　　　本:787 mm×1 092 mm　1/16　印张:7　字数:172 千
书　　　号:ISBN 978-7-113-08960-3
定　　　价:23.00 元

前　言

本书是根据铁路高职教育电气化铁道供电专业教学计划"变电所综合自动化"课程教学大纲编写的,由铁路职业教育供电专业教学指导委员会组织,并经铁路职业教育供电专业教材编审组审定。

近20年来,随着计算机技术、网络技术和通信技术的发展,变电所综合自动化得到了迅速发展。本书介绍了计算机网络的基本知识;变电所综合自动化系统的构成和功能;数据通信在变电所综合自动化系统的应用。重点介绍了远程控制技术在电力牵引供电系统中的应用;结合综合自动化技术在牵引变电所的应用,详细介绍了牵引变电所微机保护和自动装置的原理和功能。

本书立足于培养技能应用型人才,在结合现场技术、内容通俗易懂和知识应用于实践方面有突出的特点。

本书在文字叙述和配备图例方面上尽量结合目前职业学院学生的文化程度,力求通俗易懂,深入浅出,在每一章开始前设有预备知识、推荐学习环境、知识学习目标三个内容,部分章设有能力训练目标;每一章内容后附有复习思考题,供读者进行学后自测。

本书由广州铁路职业技术学院王亚妮主编,何发武和赵华军副主编。王亚妮编写第五章并负责全书的修改和定稿,第一、二、六章由何发武编写,第三章由赵华军编写,第四章由罗隆编写。本书采用了西南交通大学电气工程学院自编教材的部分资料,钟波和周小英为本书绘制了部分插图,在此一并表示衷心的感谢。

本书可作为高职铁道供电技术专业的专业课教材,可作为电力牵引供电系统运行人员、电力牵引供电调度运行人员、牵引变电所现场运行人员以及从事变电所自动化的专业人员培训用书,也可作为相关电力工作者和电力工程及自动化类大中专学生的参考书。

由于编者的水平所限,书中难免存在疏漏之处,诚恳欢迎读者提出宝贵意见。

编　者

2008 年 7 月

目　录

第一章
计算机网络基本知识

【预备知识】

当今社会,计算机网络技术得到了迅速发展,全球网络通过光纤通信、卫星通信等技术高速地互连起来,成为一个世界性的计算机网络系统。计算机技术和网络技术的发展使得变电所演变成为综合性的网络系统,网络知识是变电所综合自动化的学习基础。图 1-1 所示为变电所通过组网完成所内数字化信息传输。

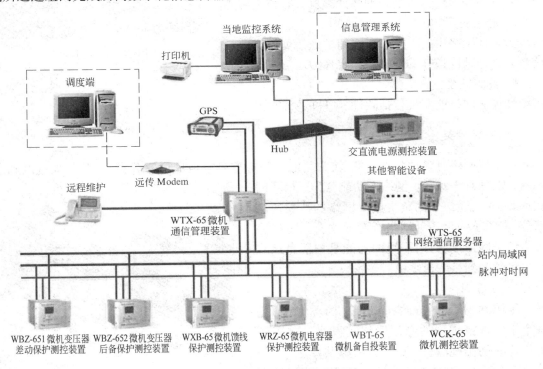

图 1-1　变电所网络构成示意图

【推荐学习环境】

1. 网络实训室;
2. 变电所综合自动化实训室。

【知识学习目标】

1. 掌握计算机网络基本概念;
2. 掌握 Internet 概念及功能;
3. 掌握计算机网络硬件构成;
4. 掌握计算机网络设备功能及作用。

【能力训练目标】

1. 网线制作及简单网络搭建；

2. 网络连接测试与 Internet 操作。

第一节　计算机网络概述

所谓计算机网络，就是利用各种通信手段，把地理上分散的计算机系统，以共享资源为目标有机地结合起来，而它们各自又是具有独立功能的网络系统，如图 1-2 所示。

从这个定义可以看出，计算机网络有如下特点：

1. 地理分散

如果中央处理机之间的距离非常近，比如在 1 m 之内，就不能称为计算机网络，而是多处理机系统。

2. 独立处理

它是指构成计算机网络的各计算机具有独立功能。

3. 通信协议

为了使网络中的各计算机之间的通信可靠有效，通信双方必须共同遵守的规则和约定称为通信协议。

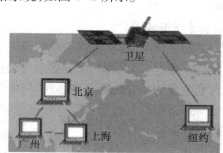

图 1-2　计算机网络

4. 资源共享

计算机网络能实现包括软件、硬件的资源共享。

一、网络分类

计算机网络有多种分类标准，较常见的分类标准是按地理位置分类，可分为局域网和广域网，如图 1-3 所示。网络按功能分为通信子网和资源子网，通信子网负责整个网络的数据通信部分，资源子网是各种网络资源的集合。主机通过通信子网连接，通信子网的功能是把消息从一台主机传输到另一台主机。

（一）局 域 网

局域网（Local Area Network），简称 LAN，是一个小地理范围内的专用网络。组建局域网的主要目的是实现软件、硬件的资源共享，数据传输率高（可到 1 000 Mbit/s）、地理覆盖范围较高（0. 1~25 km），误码率低，价格便宜。

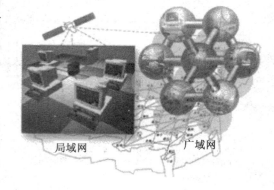

图 1-3　网络的分类和互联

局域网规模较小，作用范围也往往局限于一幢建筑物内或在一个企业、公司、校园内，这种网络组网方便，传输效率高。

局域网有多种分类标准，常见的一种分类标准是根据网络中有无服务器，可分为对等网（Peer-to-Peer）与客户机/服务器网（Client/Server）。

1. 对等网

所谓对等网（Peer-to-Peer），就是指在局域网上的计算机彼此之间是平等的关系，没有主次之分，在网络结构中，一般没有专用服务器，所有的计算机都是对等的可以相互交流信息的工作站,对等网是最简单的一种网络模式,其结构简单,维护工作轻松。

对等网虽然不需要服务器,成本也较低,但它只是局域网中最基本的一种,有许多管理功能不能实现。

2. 客户机/服务器

客户机/服务器(Client/Server),简称 C/S 网,在 C/S 网络中,计算机划分为服务器和客户机。在网络中有一台或几台较大的计算机集中进行共享数据库的管理和存取,称为服务器,而将其他的应用处理工作分散到网络中其他称为客户机的工作站上去完成,构成分布式的处理系统,服务器控制管理数据的能力由文件管理方式上升为数据库管理方式,它是为了适应网络规模增大所需的各种支持功能设计的。通常将基于服务器的网络都称为 C/S 网络。

C/S 网络应用于大中型企业,可以实现数据共享,对财务、人事等工作进行网络化管理,并可以召开网络化会议,提供了强大的 Internet 信息服务(如 WWW、FTP、SMTP 服务等)功能,是一种常用的局域网构架解决方案。变电所综合自动化的网络系统采用 C/S 网络,如图1-1所示。

(二)广 域 网

广域网(Wide Area Network),简称 WAN,其网络范围通常为几百到几千公里,甚至全球范围,它由多个局域网组成,如城市、国家、洲之间的网络都是广域网。广域网一般由多个部门或多个国家联合组建,能实现大范围内的资源共享,Internet 就是一个最大的广域网。

二、网络的拓扑结构

网络的拓扑结构,是英文"Topology"的音译,是指计算机网络中各节点之间的相互位置以及它们互连的几何布局。简单地说,拓扑结构是指节点的几何结构。目前局域网的拓扑结构分为六类:星形拓扑结构、总线型拓扑结构、环形拓扑结构、树形拓扑结构、网状拓扑结构和混合拓扑结构。下面,重点对其中使用最多的总线型拓扑结构、星形拓扑结构、环形拓扑结构作一一介绍。

1. 总线型拓扑结构

总线型拓扑结构采用单根传输线作为传输介质,所有的站都通过相应的硬件接口直接连接到传输介质(或称总线)上。任何一个站点发送的信号都可以沿着介质传播,而且能被其他所有站点接收。图 1-4 所示为总线型拓扑结构图。

总线型拓扑的优点是:结构简单、成本低廉、布线容易。

总线型拓扑的缺点是:某台机器出现问题会影响到整个网络的正常运转。

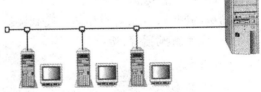

图1-4 总线型拓扑结构图

2. 星形拓扑结构

星形拓扑结构是指在网络中所有的节点都连接在一个中央集线设备上,网络上计算机信息的交换和管理都是通过该中央集线设备来实现,星形结构是设备间相互连接的较常见的一种方法,其组成的关键是集线设备,如集线器、交换机。

星形拓扑结构网络的优点是:网络上的每台机器间的连接由于都是通过集线器实现数据交换,所以即使某台机器出现问题不能在网络上工作,也不会影响到网络上的其他机器。

星形拓扑结构网络的缺点是:由于采用中央节点集中控制,一旦中央节点出现故障将导致整个网络瘫痪。图 1-5 所示为星形拓扑结构图。

3. 环形拓扑结构

环形拓扑结构是由连接成封闭回路的网络节点组成的,每一节点与它左右相邻的节点连接。在环形网络中信息流只能是单方向的,每个收到信息包的站点都向它的下游站点转发该信息包。

环形拓扑的优点是:能高速运行,而且为了避免冲突,其结构相当简单。

环形拓扑的缺点是:因为所有节点都共享一个环形信道,任何在环道上传输的信息都必须经过所有节点,如果环中的一个节点出现故障断开,则整个网络的通信终止。如图1-6所示为环形拓扑结构图。

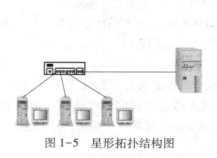

图 1-5　星形拓扑结构图

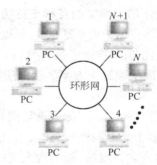

图 1-6　环形拓扑结构图

第二节　Internet

Internet 的快速发展使得"地球村"已不再是一个遥不可及的梦想。人们可以通过 Internet 获取各种信息,如文献期刊、教育论文、产业信息、留学计划、求职求才、气象信息、海外学讯、论文检索等。Internet 已经进入千家万户,成为现代生活和工业发展不可缺少的元素。

一、什么是 Internet

1. Internet 的功能

简单的网络,可以实现和其他连到网络上的用户一起共享网络资源,如磁盘上的文件及打印机、调制解调器等,也可以互相交换数据信息,如图1-7所示。

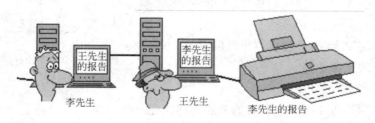

图 1-7　简单网络的功能

Internet 是一个覆盖全球的网络系统,通过它可以了解来自世界各地的信息;收发电子邮件;和朋友聊天;进行网上购物;观看影片;阅读网上杂志;还可以听音乐会等,如图1-8所示。

另外,Internet 还包括实现上述功能的各种手段,即 Internet 工具,如 Web 浏览器,电子邮件(E-mail),文件传输(FTP),远程登录(Telnet),新闻论坛(Usenet),新闻组(News Group),电子布告栏(BBS),Gopher 搜索,文件搜寻(Archie),等等,全球用户都可以在各自的电脑上使用这些工具,来获取遍布世界各地的主机提供的信息和功能。

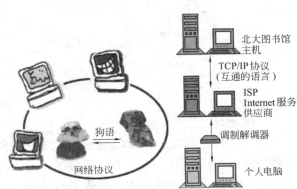

图 1-8　Internet 的功能

2. Internet 的语言

那么,网络上的计算机之间又是如何交换信息的呢? 在网络上的各台计算机之间也有一种语言,这就是网络协议,不同的计算机之间必须使用相同的网络协议才能进行通信。网络协议也有很多种,具体选择哪一种协议则要看情况而定,Internet 上的计算机最常使用的是 TCP/IP 协议,如图 1-9 所示。

3. Internet 在我国的应用

我国最早连入 Internet 的单位是中国科学院高能物理研究所。1994 年 8 月 30 日,中国邮电部同美国 Sprint 电信公司签署合同,建立了 CHINANET 网,使 Internet 真正开放到普通中国人。同年,中国教育科研网(CERNET)也连接到了 Internet。

图 1-9　Internet 的语言

二、Internet 的工作原理

1. 地址和协议的概念

Internet 的本质是电脑与电脑之间互相通信并交换信息,只不过大多是小电脑从大电脑获取各类信息。这种通信跟人与人之间信息交流一样必须具备一些条件,比如:给一位美国朋友写信,首先必须使用一种对方也能看懂的语言,然后还得知道对方的通信地址,才能把信发出去。同样,电脑与电脑之间通信,首先也得使用一种双方都能接受的“语言”——通信协议,然后还得知道电脑彼此的地址,通过协议和地址,电脑与电脑之间就能交流信息,这就形成了网络,如图 1-10 所示。

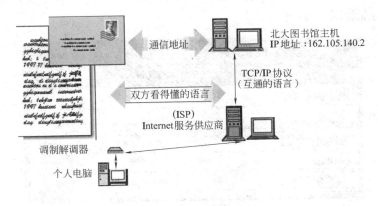

图 1-10　Internet 的地址和协议示意图

2. TCP/IP 协议

Internet 就是由许多小的网络构成的国际性大网络,在各个小网络内部使用不同的协议,正如不同的国家使用不同的语言,那如何使它们之间能进行信息交流呢? 这就要靠网络上的世界语——TCP/IP 协议。

TCP/IP(Transmission Control Protocol/Internet Protocol,传输控制协议/互联网协议)是 Internet 采用的一种标准网络协议,它是由 ARPA 于 1977~1979 年推出的一种网络体系结构和协议规范。随着 Internet 网的发展,TCP/IP 也得到进一步的研究开发和推广应用,成为 Internet 网上的"通用语言"。TCP/IP 协议的作用如图 1-11 所示。

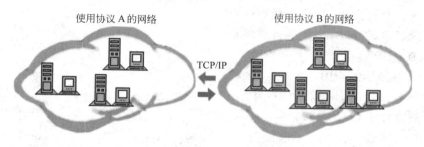

图 1-11　TCP/IP 协议作用示意图

3. IP 地址

语言(协议)是有了,那地址怎么办呢? 用网际协议地址(即 IP 地址)就可解决这个问题。它是为标识 Internet 上主机位置而设置的。

一般的 IP 地址由 4 组数字组成,每组数字介于 0~255 之间,如某一台电脑的 IP 地址可为:155. 196. 3. 115,但不能为 259. 360. 2. 48。

4. 域名地址

以下是一个 IP 地址对应域名地址的例子,譬如:北京大学图书馆的 IP 地址是 162. 105. 140. 2,对应域名地址为 pu12. pku. edu. cn。

域名地址是从右至左来表述其意义的,最右边的部分为顶层域,最左边的则是这台主机的机器名称。一般域名地址可表示为:主机机器名. 单位名. 网络名. 顶层域名。如:pu12. pku. edu. cn,这里的 pu12 是北京大学图书馆主机的机器名,pku 代表北京大学,edu 代表中国教育科研网,cn 代表中国,顶层域一般是网络机构或所在国家地区的名称缩写。国内外常用域名结构情况如图 1-12 所示。

国内外常用域名结构情况

	美国商业组织	美国政府组织	美国教育机构	中 国 电 信 网	
顶层域	com	gov	edu	cn	
第二层域	ibm (IBM公司)			net (邮电网)	edu (教育系统网)
第三层域	www IBM的Web服务器			szptt (深圳电信局)	pku (北京大学)
第四层域				nenpub	www (北大Web主机)
第五层域					

图 1-12　国内外常用域名结构情况

这份域名地址的信息存放在一个叫域名服务器(Domain Name Server, DNS)的主机内,使用者只需了解易记的域名地址,其对应转换工作就留给了域名服务器,如图1-13所示。

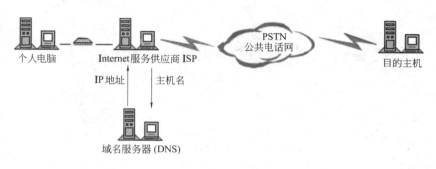

图1-13 Internet域名地址示意图

5. 统一资源定位器

统一资源定位器,又叫URL(Uniform Resource Locator),是专为标识Internet网上资源位置而设的一种编址方式,平时所说的网页地址指的即是URL,它一般由三部分组成:传输协议://主机IP地址或域名地址/资源所在路径和文件名,如今日上海连线的URL为:http://china-window.com/shanghai/news/wnw.html,这里http指超文本传输协议,china-window.com是其Web服务器域名地址,shanghai/news是网页所在路径,wnw.html才是相应的网页文件。

标识Internet网上资源位置的三种方式:

IP地址:162.105.140.2

域名地址:pu12.pku.edu.cn

URL:http://china-window.com/shanghai/news/wnw.html

URL可以定位和标识的服务或文件:

http:文件在Web服务器上

file:文件在自己的局部系统或匿名服务器上

ftp:文件在FTP服务器上

6. Internet的工作原理

有了TCP/IP协议和IP地址的概念,就很好理解Internet的工作原理了:当一个用户想给其他用户发送一个文件时,TCP先把该文件分成一个个小数据包,并加上一些特定的信息(可以看成是装箱单),以便接收方的机器确认传输是正确无误的,然后IP再在数据包上标上地址信息,形成可在Internet上传输的TCP/IP数据包。

当TCP/IP数据包到达目的地后,计算机首先去掉地址标志,利用TCP的装箱单检查数据在传输中是否有损失,如果接收方发现有损坏的数据包,就要求发送端重新发送被损坏的数据包,确认无误后再将各个数据包重新组合成原文件。

就这样,Internet通过TCP/IP协议这一网上的"世界语"和IP地址实现了全球通信的功能。

Internet的工作原理如图1-14所示。

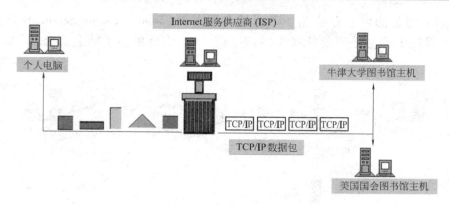

图 1-14　Internet 的工作原理

第三节　计算机网络基本硬件及构成

组建一个计算机网络,需要的基本硬件包括传输介质、常用接头、网卡、集线设备。

一、基本硬件简介

（一）传输介质

传输介质是指从一个网络设备连接到另外一个网络设备的用于传递信息的传输媒介,是网络中发送方与接收方之间的物理通路。网络中常用的传输介质有双绞线、同轴电缆和光缆。

1. 双绞线

双绞线(Twisted Pair)就是导线双双绞在一起,其外观如图 1-15 所示。由于电流在导线通过时会产生磁场干扰与它平行的导线内的信号,双绞线可以减少这种干扰,并抑制电线内信号的衰减。剥开外层胶皮,可以见到双绞线共有 4 对 8 芯,如图 1-16 所示。

图 1-15　双绞线的外观

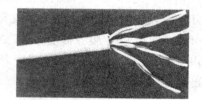

图 1-16　4 对 8 芯的双绞线

双绞线分为屏蔽(Shielded Twisted Pair,STP)和非屏蔽(Unshielded Twisted Pair,UTP)两种。屏蔽就是指网线内部信号线的外面包裹着一层金属网,在屏蔽层外面才是绝缘外皮,屏蔽层可以有效地隔离外界电磁信号的干扰,相应的安装也较复杂。一般用户,如无特殊用途都用非屏蔽双绞线。

Cat5 通常称为 5 类双绞线或超 5 类双绞线,不仅费用低、安装简单、带宽容量大(传输速率范围在 1~155 Mbit/s 之间),而且支持节点最多可达到 1 024 个。

2. 同轴电缆

同轴电缆(Coaxial Cable)是指导体和屏蔽层共用同一轴心的电缆。它是计算机网络中使用广泛的另外一种传输介质。由于它在主线外包裹绝缘材料,在绝缘材料外面又有一层网状编织的屏蔽金属网线,所以能很好地阻隔外界的电磁干扰,提高通信质量。同轴电缆按直径大小可分为粗缆与细缆。

同轴细缆的外观如图 1-17 所示,剥开同轴细缆外层保护胶皮,可以看到里面分别是金属屏蔽网线（接地屏蔽线）、乳白色透明绝缘层和芯线（信号线）,芯线由铜线构成,金属屏蔽网线是由金属线编织的金属网,内外层导线之间用乳白色透明绝缘物填充,如图 1-18 所示。

图 1-17　同轴细缆的外观图

同轴细缆的直径为 0.26 cm,最大传输距离 180 m,线材价格和连接头都比较便宜,且不需要购置集线器等设备,十分适合架设终端设备较为集中的小型以太网络。安装时,同轴细缆线总长不应超过 180 m,否则信号将严重衰减。

同轴粗缆的外观如图 1-19 所示,其直径为 1.27 cm,阻抗为 50 Ω,每隔 2.5 m 有一个标记,该标记用于连接收发器。最大干线段长度为 500 m,最大网络干线电缆长度为 2 500 m,每条干线段支持的最大结点数为 100,收发器之间

图 1-18　同轴细缆的内部结构图

最小距为 2.5 m,收发器电缆的最大长度为 50 m,最大传输距离达到 500 m。如图 1-20 所示为剥开外层胶皮后的粗缆结构图,可以看见其结构与同轴细缆的结构一样,不同的是其线芯是一根完整的铜芯。

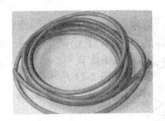

图 1-19　同轴粗缆的外观图

图 1-20　同轴粗缆的内部结构图

同轴粗缆,由于直径较粗,因此弹性较差,不适合在室内狭窄的环境内架设,而且其连接头的制作方法也相对要复杂许多,并不能直接与计算机连接,它需要通过一个转接器转换后,才能连接到计算机上;另一方面,由于粗缆的强度较高,具有较高可靠性,网络抗干扰能力强,最大传输距离也比细缆长,因此粗缆适用于较大型局域网,主要用作网络主干线。

3. 光缆

光缆是以光纤为载体,来实现通信的一种传输介质。光纤具有传输距离长,信号损耗小,抗干扰能力强的优点,但也有连接不方便,施工成本较高的缺点。

光纤,是光导纤维的简称,由直径大约为 0.1 mm 的细玻璃丝构成。它透明、纤细,具有把光封闭其中进行传播的功能,它由折射较高的纤芯和折射率较低的包层组成,为了保护光纤,包层外覆盖一层塑料加以保护。光纤可以分为多模和单模光纤(Multimode and single-mode Fiber)。单模光纤适合长途传输,最多可达 10 km。多模光纤比单模光纤便宜,传输距离可达 2 000 m。

如图 1-21 所示是一卷光缆的外观。如图 1-22 所示是将光缆剥开后所看到的有外层保护胶皮的四芯光纤。

光纤通信系统是以光波为载体、光导纤维为传输媒体的通信方式,主要组成部分有光源、光纤、光发送机和光接收机。其中光发送机的功能是产生光束,将电信号转变成光信号,再把光信号导入光纤;光接收机则负责接收从光纤上传输来的光信号,并将它转变成电信号,经解

图 1-21　光缆的外观图

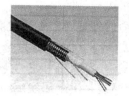

图 1-22　单模四芯光纤的内部结构图

码后再作相应处理。光纤的传输距离仅受波长影响,衰减率极低,一般使用 1.55 μm 波长光纤,采用相关技术后,可使光纤传输距离达几十公里甚至上百公里。光纤传输可以实现信号无泄漏、无电磁波干扰影响。

（二）常用接头

双绞线的接头习惯称之为 RJ-45 接头（俗称水晶头）,如图 1-23 所示。RJ-45 接头是一种只能固定方向插入并带防脱落的塑料接头,网线内部的每一根信号线都需要使用专用压线钳使它与 RJ-45 的金属接触点紧紧连接,根据网络速度和网络结构标准的不同,接触点与网线的接线方式也不同。

RJ-45 接头和电话线的接头有类似之处。不过电话线是 2 对芯接头,而双绞线是 4 对芯。RJ-45 插头上共有 8 个引脚,从正面看,其编号如图 1-24 所示。

（三）网　　卡

网卡,也称网络适配器,用于发出和接收不同的信息,是局域网最基本的组成部分之一。

局域网可分为有线局域网与无线局域网两种,相应的就有有线局域网网卡与无线局域网网卡两种。有线局域网网卡如图 1-25 所示,无线局域网网卡如图 1-26 所示。

图 1-23　RJ-45 接头

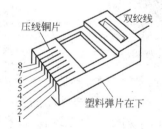

图 1-24　引脚示意图

图 1-25　有线局域网网卡

图 1-27 所示为带有光纤接口的 1 000 Mbit/s 网卡,100 Mbit/s 以太网是在基于以太网协议的基础之上,将快速以太网的理论传输速率（100 Mbit/s）提高了 10 倍。如图 1-28 所示为一块采用 RJ-45 双绞线接入的 1 000 Mbit/s 网卡,这款千兆网卡具备更为卓越的性能,可以不通过 CPU 直接与内存进行数据交换,从而减轻主机负载。

图 1-26　无线局域网网卡

图 1-27　带有光纤接口的
1 000 Mbit/s 网卡

图 1-28　采用 RJ-45 的
1 000 Mbit/s 网卡

（四）集线设备

集线设备，是一种将独立的计算机集中连接在一起的网络硬件设备，集线设备主要有集线器和交换机。

1. 集线器

集线器（Hub），是一种较为简单的集线设备，其工作原理是将网络传输中衰减的信号进行整形放大，然后再将信号转发到所有端口。它可以将一个网段上的所有网络信息流传送到其他集线器连接的所有网段上，这样一来就扩展了局域网段的长度。如图1-29所示为10 Mbit/s 集线器，具有支持即插即用的功能，这有利于用户安装。并且还有细缆接口（BNC），便于连接不同介质的网段。再加上与RJ-45 端口共用的级联端口，可以用直通的双绞线方便地级联到其他的集线器或交换机上。

图1-29　10 Mbit/s 集线器

2. 交换机

交换机，也称作交换式集线器（Switch），和集线器相比，它显得更智能化，它可以记录每一个端口所连接计算机的网卡号（物理地址）。当有信号进入时，它会读出发送信号的计算机地址（即发送信息的计算机网卡号）和接收信息的计算机地址（要发送信息到达的计算机的网卡号），并直接将信息送到目的端口。

交换机与集线器的最大区别是，其只将收到的数据包根据目的地址转发到相应的端口，并不像集线器那样广播到所有端口。而且交换机可以在同一时刻与多个端口相互通信，因此没有使用集线器网络的信息冲突和级联个数的限制。

交换机按其传输速率可分为10 Mbit/s 交换机、100 Mbit/s 交换机、1 000 Mbit/s 交换机。如图1-30所示为一个千兆路由交换机。

图1-30　千兆路由交换机

二、计算机局域网络的构成实例

组建小型办公局域网可以选用的网络结构类型有10BaseTX 星形、100BaseTX 星形和交换式以太网等，而对于一个小型办公局域网来说，如果只有3~8 台计算机，可以使用常用的交换式以太网。

大型办公局域网络规划不但要满足当前的需求，而且还要顾及到日常的网络维护、管理以及今后的扩展，如果不预先规划好网络管理及扩展，恐怕日后网络管理所需的费用与时间会更多，而且扩展时也许需要全部重新施工和布线。因此，建议选用光纤、双绞线、交换机等设备来建设100BaseTX（使用2 对UTP5 类双绞线，其中一对用于发送，一对用于接收）和1 000BadeSX（多模光纤和850 nm 激光器，距离为300~500 m）主干网络。

与小型局域网相比，大局域网的规模比较大，因此，可将其划分为主干网和分支网，主干网的数据速率可为1 000 Mbit/s，分支网的数据速率为100 Mbit/s，即"主干千兆位，百兆位交换到桌面"。下面就介绍一些常用的中型局域网。

1. 组建集中式办公室网络

大多数中小型企业都采用集中式办公的方式，即所有部门和人员都在同一座建筑内办公,这种网络的连接距离通常小于 100 m。

如图 1-31 所示为一个典型的中型企业网络,该企业在一座 5 层高的大楼中,1~4 层共有 290 个点。网络中心与各楼层之间全部采用 5 类 UTP 建立 1 000BaseT 高速链路,接入层采用 10/100 Mbit/s 交换到桌面。网络中心可采用高端口密度的千兆位主干交换机,各楼层采用千兆位支干交换机。服务器加装 100/1 000 Mbit/s 自适应网卡,确保达到千兆位速率。由于采用可堆叠交换机,因此网络的扩展性强,可以根据企业的发展来增加模块和堆叠交换机的数量,且随着端口数和堆叠数量的增加,其性价比优势就越发明显。

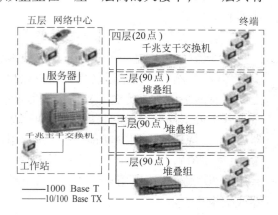

图 1-31　典型的中型企业集中式网络

2. 组建分布式中型企业局域网

分布式办公是指在一个园区内具有多处办公地点,楼宇间网络的连接距离通常大于 100m,所以需要采用光纤进行布线。分布式网络通常具有网络中心及楼宇接入节点两个层次,如果楼宇规模较大,还可能出现第三个层次——楼层设备间。

如图 1-32 所示给出了一个分布式中型网络方案,该校园各部门分别位于不同的建筑中,由于各建筑与网络中心之间的距离小于 550 m,故采用基于多模光纤传输的 1 000BaseSX 建立千兆位主干,安装 100/1 000BaseTX 模块可实现中心千兆位交换机。

3. 大型分布式网络 VPN(Virtual Private Network,虚拟专用网)典型应用

大型分布式网络融合防火墙,支持网关—网关、移动用户—网关、星形连接等多种方式的 VPN 连接。如图 1-33 所示,企业总部与分公司或移动用户之间通过 VPN 隧道的连接,建立一条可以穿越 Internet 的隧道,通过这条隧道可以实现以下功能:

公司总部与分公司 A(或 B)通过私有地址通信,同时可以访问 Internet 和内部其他主机;

出差用户 A 通过 VPN 客户端与公司总部或者分公司 A(或 B)进行通信,同时可以访问 Internet;

出差用户 B 穿越了 NAT 设备,通过 VPN 客户端可以与公司总部或者分公司 A(或 B)进行通信,同时可以访问 Internet;

出差用户 A 和出差用户 B 通过公司总部建立 VPN 的星形连接,他们之间可以通过隧道互相通信。

铁路计算机网络是一个超大规模的企业内部网,其基本结构是多级局域网络的互联,其中大型局域网采用叠加式的结构,小型(站段)局域网采用平面式的结构。铁路计算机网络采用 TCP/IP 协议,骨干网的协议符合 RFC 标准。从网络应用和安全方面考虑,铁路内部计算机网络逻辑上由三个网络层次组成:外部访问服务网、内部服务网和生产网。这三个网络层面使用动态物理隔离、防火墙和 VPAN 等技术隔离。内部服务网和生产网的局域网与广域网可以采用物理或逻辑上不同的传输通道。外部访问服务网是外部用户通过各种方式进入内部网的通道,也是内部用户对外访问外部网的通道,主要由路上器、异步访问服务器和网络身份认证授权系统组成。

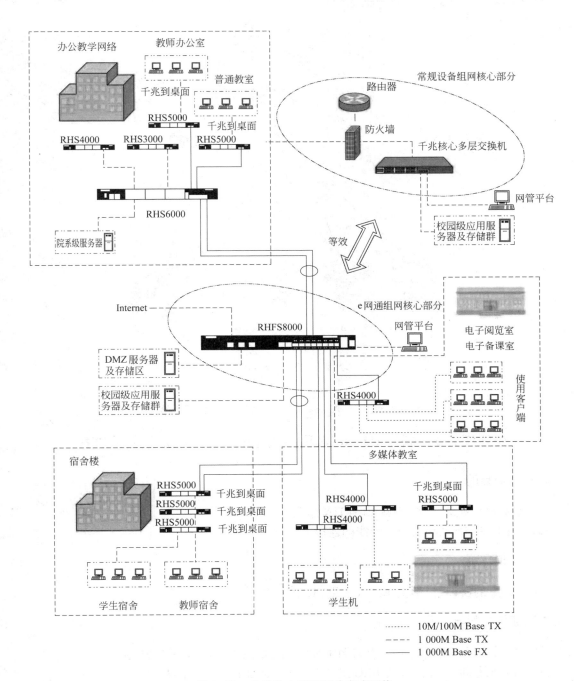

图 1-32 典型的中型校园分布式网络

铁路的发展要求内部网与外部网要进行信息交换,同时,为了内部网安全,内部网要与外部网隔离。内部服务网是与外部网交换信息的中间缓冲地带,包括铁路运输管理信息系统(TMIS)、客运管理信息系统、铁路运输调度指挥系统、铁路车号自动识别系统、铁路电子商务及现代物流等,其各级生产服务器互连构成的专用网络,它们是网中网。生产网可以是逻辑上相互独立的子网,以防相互干扰,禁止外部用户直接访问。

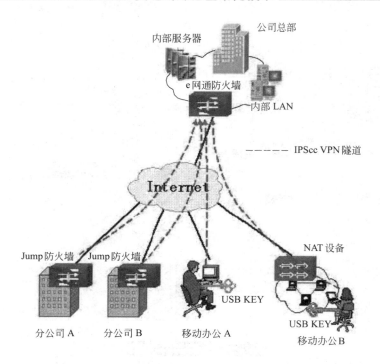

图 1-33   大型分布式网络 VPN 典型应用

第四节   组建简单计算机网络

分项任务 1   制作 RJ-45 水晶头和完成水晶头与双绞线的连接

一、实训目的

1. 掌握网络接线方法,理解 EIA/TIA 标准。
2. 掌握 RJ-45 水晶头与双绞线的连接方法。

二、实训环境

带平面桌的实训室,学生每两人一组,共用实训工具。

三、实训材料与工具

RJ-45 水晶头 4 个,无屏蔽双绞线(1 m)一条,如图 1-34、图 1-35 所示。

RJ-45 压线钳一套、双绞线 BNC 测线器一套,如图 1-36、图 1-37 所示。

万用表一个。

图 1-34   RJ-45 水晶头

图 1-35   非屏蔽双绞线

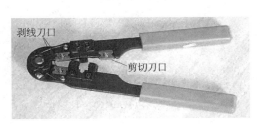

图1-36 RJ-45压线钳

图1-37 测线器

网线制作工具是 RJ-45 工具钳,该工具上有三处不同的功能,最前端是剥线口,它用来剥开双绞线外壳。中间是压制 RJ-45 工具槽,这里可将 RJ-45 与双绞线合成。离手柄最近端是锋利的切线刀,此处可以用来切断双绞线。

四、接线标准

双绞线做法有两种国际标准:EIA/TIA568A 和 EIA/TIA568B,而双绞线的连接方法也主要有两种:直通线缆和交叉线缆。直通线缆的水晶头两端都遵循 568A 或 568B 标准,双绞线的每组线在两端是一一对应的,颜色相同的在两端水晶头的相应槽中保持一致。

T568A 标准描述的线序从左到右依次为:1—白绿、2—绿、3—白橙、4—蓝、5—白蓝、6—橙、7—白棕、8—棕。T568B 标准描述的线序从左到右依次为:1—白橙、2—橙、3—白绿、4—蓝、5—白蓝、6—绿、7—白棕、8—棕。在网络施工中,建议使用 T568B 标准。对于一般的布线系统工程,T568A 也同样适用。交叉线缆的水晶头一端遵循 568A,而另一端则采用 568B 标准,即 A 水晶头的 1、2 对应 B 水晶头的 3、6,而 A 水晶头的 3、6 对应 B 水晶头的 1、2,它主要用在交换机(或集线器)普通端口连接到交换机(或集线器)普通端口或网卡连网卡上。

五、网线制作

1. 剪断

利用压线钳的剪线刀口剪取适当长度的网线。

2. 剥皮

用压线钳的剪线刀口将线头剪齐,再将线头放入剥线刀口,让线头角及挡板,稍微握紧压线钳慢慢旋转,让刀口划开双绞线的保护胶皮,拔下胶皮。注意:剥与大拇指一样长就行了,一般 2~3cm,有一些双绞线电缆上含有一条柔软的尼龙绳,如果在剥除双绞线的外皮时,觉得裸露出的部分太短,而不利于制作 RJ-45 接头时,可以紧握双绞线外皮,再捏住尼龙线往外皮的下方剥开,就可以得到较长的裸露线,如图1-38所示。

注意:网线钳挡位离剥线刀口长度通常恰好为水晶头长度,这样可以有效避免剥线过长或过短。剥线过长一则不美观,二则因网线不能被水晶头卡住,容易松动;剥线过短,因有包皮存在,太厚,不能完全插到水晶头底部,造成水晶头插针不能与网线芯线完好接触,当然也不能制作成功了。网线钳挡线位如图1-39所示。

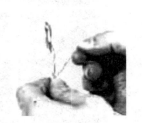

图 1-38　双绞线剥皮

图 1-39　网线钳挡线位

3. 排序

剥除外包皮后即可见到双绞线网线的 4 对 8 条芯线,并且可以看到每对的颜色都不同。每对缠绕的两根芯线是由一种染有相应颜色的芯线加上一条只染有少许相应颜色的白色相间芯线组成。四条全色芯线的颜色为:棕色、橙色、绿色、蓝色。拨线:将裸露的双绞线中的橙色对线拨向自己的前方,棕色对线拨向自己的方向,绿色对线剥向左方,蓝色对线剥向右方。上:橙;左:绿;下:棕;右:蓝。将绿色对线与蓝色对线放在中间位置,而橙色对线与棕色对线保持不动,即放在靠外的位置。小心地剥开每一对线,因为是遵循 EIA/TIA 568B 的标准来制作接头,所以线对颜色是有一定顺序的,如图 1-40 所示。

每对线都是相互缠绕在一起的,制作网线时必须将 4 个线对的 8 条细导线一一拆开,理顺捋直,然后按照规定的线序排列整齐。需要特别注意的是,绿色条线应该跨越蓝色对线。这里最容易犯错的地方就是将白绿线与绿线相邻放在一起,这样会造成串扰,使传输效率降低。左起:白橙/橙/白绿/蓝/白蓝/绿/白棕/棕,常见的错误接法是将绿色线放到第 4 只脚的位置,如图 1-41 所示。

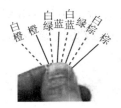

图 1-40　双绞线排序

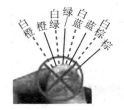

图 1-41　双绞线的错误排序

应该将绿色线放在第 6 只脚的位置才是正确的,因为在 100BaseT 网络中,第 3 只脚与第 6 只脚是同一对的,所以需要使用同一对。

排列水晶头 8 根针脚:将水晶头有塑料弹簧片的一面向下,有针脚的一方向上,使有针脚的一端指向远离自己的方向,有方型孔的一端对着自己,此时最左边的是第 1 脚,最右边的是第 8 脚,其余依次顺序排列,如图 1-42 所示。

4. 剪齐

把线尽量拉直(不要缠绕)、压平(不要重叠)、挤紧理顺(朝一个方向紧靠),然后用压线钳把线头剪平齐。这样,在双绞线插入水晶头后,每条线都能良好接触水晶头中的插针,避免接触不良。如果以前剥的皮过长,可以在这里将过长的细线剪短,保留的去掉外层绝缘皮的部分约为 14 mm,这个长度正好能将各细导线插入到各自的线槽。如果该段留得过长,一方面由于线对不再互绞而增加串扰,另一方面会由于水晶头不能压住护套而可能导致电缆从水晶头中脱出,造成线路的接触不良甚至中断,如图 1-43 所示。

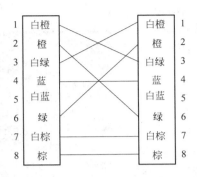

图 1-42 T568A 标准线序表

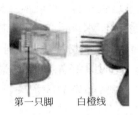

图 1-43 剪线对齐

5. 插入

一手以拇指和中指捏住水晶头,使有塑料弹片的一侧向下,针脚一方朝向远离自己的方向,并用食指抵住;另一手捏住双绞线外面的胶皮,缓缓用力将 8 条导线同时沿 RJ-45 内的 8 个线槽插入,一直插到线槽的顶端,如图 1-44 所示。

6. 压制

确认所有导线都到位,并透过水晶头检查一遍线序无误后,就可以用压线钳制 RJ-45 水晶头了。将 RJ-45 水晶头从无牙的一侧推入压线钳夹槽后,用力握紧线钳(如果用的力气不够大,可以使用双手一起压),将突出在外面的针脚全部压入水晶并头内,如图 1-45 所示。

检查双绞线是否越过金属骨

图 1-44 插线

因缺口结构与水晶头结构一样,一定要正确放入才能使后面压下网线钳手柄时所压位置正确。水晶头放好后即可压下网线钳手柄,要使劲压制,使水晶头的插针都能插入到网线芯线之中,与之接触良好。然后再用手轻轻拉一下网线与水晶头,看是否压紧,最好多压一次,最重要的是要注意所压位置一定要正确。

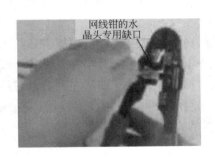

图 1-45 压制

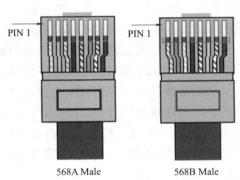

图 1-46 568A 和 568B 标准的水晶头

至此,这个 RJ-45 水晶头就压接好了。如图 1-46 所示为已完成的 568A 标准和 568B 标准两种水晶头。

按照相同的方法制作双绞线的另一端水晶头,要注意的是芯线排列顺序一定要与另一端的顺序完全一样,这样整条网线的制作就算完成了。

六、测 试

把水晶头的两端都做好后即可用网线测试仪进行测试,如图 1-47 所示,如果测试仪上

8 个指示灯都依次为绿色闪过,证明网线制作成功。如果出现任何一个灯为红灯或黄灯,都证明存在断路或者接触不良现象,此时最好先对两端水晶头再用网线钳压一次,再测,如果故障依旧,再检查一下两端芯线的排列顺序是否一样,如果不一样,剪掉一端重新按另一端芯线排列顺序制作水晶头。如果芯线顺序一样,但测试仪在重测后仍显示红色灯或黄色灯,则表明其中肯定存在对应芯线接触不好。此时只好先剪掉一端,按另一端芯线顺序重做一个水晶头,再测,如果故障消失,则不必重做另一端水晶头,否则还得把原来的另一端水晶头也剪掉重做。直到测试全为绿色指示灯闪过为止。对于制作的方法不同,测试仪上的指示灯亮的顺序也不同,如果是直通线测试仪上的灯应该是依次

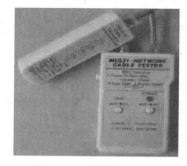

图 1-47 测试仪

顺序地亮,如果做的是双绞线,测试仪的一段的闪亮顺序应该是 3、6、1、4、5、2、7、8。

七、其他接线法

为了减少相互芯线之间串扰对在高速网络的影响,双绞线在网络中的接线标准还有以下几种方法。

1. 直连法

一一对应接法。即双绞线的两端芯线要一一对应,如果一端的第 1 脚为绿色,另一端的第 1 脚也必须为绿色的芯线,这样做出来的双绞线通常称之为"直连线"。但要注意的是 4 个芯线对通常不分开,即芯线对的两条芯线通常为相邻排列。这种网线一般是用在集线器或交换机与计算机之间的连接。

2. 交叉法

1-3、2-6 交叉接法。虽然双绞线有 4 对 8 条芯线,但实际上在网络中只用到了其中的 4 条,即水晶头的第 1、第 2 和第 3、第 6 脚,它们分别起着收、发信号的作用。这种交叉网线的芯线排列规则是:网线一端的第 1 脚连另一端的第 3 脚,网线一端的第 2 脚连另一端的第 6 脚,其他脚一一对应即可。这种排列做出来的通常称之为"交叉线"。

当线的一端从左到右的芯线顺序依次为:白绿、绿、白橙、蓝、白蓝、橙、白棕、棕时,另一端从左到右的芯线顺序则应当依次为:白橙、橙、白绿、蓝、白蓝、绿、白棕、棕。当线的一端从左到右的芯线顺序依次为:白橙、橙、白绿、蓝、白蓝、绿、白棕、棕时,另一端从左到右的芯线顺序则应当依次为:白绿、绿、白橙、蓝、白蓝、橙、白棕、棕。这种网线一般用在集线器(交换机)的级连、服务器与集线器(交换机)的连接、对等网计算机的直接连接等情况。

3. 高速法

100 M 接法。这是一种最常用的网线制作规则。所谓 100M 接法,是指它能满足 100M 带宽的通信速率。它的接法虽然也是一一对应,但每一脚的颜色是固定的,具体是:第 1 脚——橙白、第 2 脚——橙色、第 3 脚——绿白、第 4 脚——蓝色、第 5 脚——蓝白、第 6 脚——绿色、第 7 脚——棕白、第 8 脚——棕色,从中可以看出,网线的 4 对芯线并不全都是相邻排列,第 3 脚、第 4 脚、第 5 脚和第 6 脚包括 2 对芯线,但是顺序已错乱。其实这种跳线规则与信息模块端接方式 B 是完全一样的,当然也可以按信息模块端接方式 A 来重新排列芯线顺序,那就是:第 1 脚——绿白、第 2 脚——绿色、第 3 脚——橙白、第 4 脚——蓝色、第 5 脚——蓝白、第 6 脚——橙色、第 7 脚——棕白、第 8 脚——棕色。只不过所选方式要与信息模块端接方式一

致,否则所做的网线很可能就不通了。

这种接线方法也是应用于集线器(交换机)与工作站计算机之间的连接,也就是"直连线"所应用的范围。选线时注意一下,用的是5类线,3类线只能达到16 M,4类线20 M,只有5类线以及超5类等才能到达100 M,线的长度不能超过100 m。

八、问题与思考

1. 制作的双绞线可以连接上网,最低要求哪几号线必须确保畅通?网速有何局限?

2. 试用本实训中介绍的双绞线理序、整理技巧,总结按 T568A 标准制作网线时的操作技巧。T568A 与 T568B 标准区别究竟在何处?

3. 双绞线最小传输直径是多少米?最大传输直径又是多少米?

4. 压线时怎样用力才能确保铜片能刺破导线绝缘层,而不发生变形?

5. RJ-45 与双绞连接时,若双绞线的外胶皮没有被 RJ-45 咬紧会出现什么后果?

九、实训报告

对实训步骤、实训结果进行详细记录,上交给任课教师评分。

分项任务 2　组建和测试局域网

一、实训目的

1. 了解局域网的拓扑结构,掌握局域网的组建方法。
2. 掌握安装网络协议的方法。
3. 掌握常用的网络测试命令。

二、实训环境

1. 校园内部网络。
2. 普通计算机实训机房。
3. 计算机可以作安装设置,启动有效。

三、实训材料与工具

计算机,集线器,平接双绞线,跳接双绞线(每两台机器共一段)。

四、实训原理

(一)局域网的连接

1. 100-Base2 以太网

技术参数:每段最大距离185 m,最多5段,细电缆最大总长925 m,连接在一段中的最大站点数30个,工作站之间最小距离0.5 m,每个段的两端都必须安装一个终端匹配器且有一端接地,T形连接器与网卡上的 BNC 接口之间必须直接连接,中间不能再接任何电缆。100-Base2 以太网连接如图 1-48 所示。

2. 10-BaseT,100-BaseT 以太网

局域网(LAN)最常见的拓扑结构是星形结构,客户机通过双绞线与集线器连接在一起组

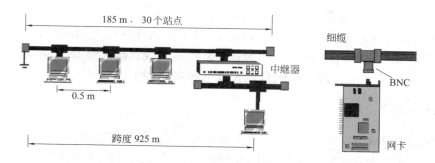

图 1-48　100-Base2 以太网连接

成典型的 10-BaseT 或 100-BaseT 以太网。
10-BaseT 以太网连接如图 1-49 所示。

　　技术参数:双绞线与工作站网卡之间采用 RJ-45 标准接口,工作站与 Hub 之间最大距离为 100 m,Hub 与 Hub 之间可以互连,一条通路最多可以串联 4 个 Hub,Hub 与 Hub 之间最大距离为 100 m,任何一条线路不能形成形环。

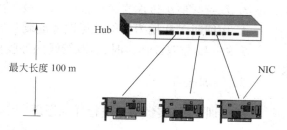

图 1-49　10-BaseT 以太网连接

3. 集线器

　　市场上常见到的是 10 M、100 M 或 10 M/100 M 等速率的集线器。集线器的连接应考虑所使用的网络传输介质,一般集线器应具有 BNC 和 RJ-45 两个接口或 BNC、RJ-45 和 AUI 三个接口。集线器接口数通常有 8 口、12 口、16 口等几种。

　　以组建 60 台 10-BaseT 以太网为例,若采用 16 口的集线器,则需要 4~5 台集线器;客户计算机与集线器之间用"平接"线相连,若集线器与集线器直接利用普通端口进行级联,则需要用"跳接"线,当用某一集线器的"普通端口"与另一集线器的"级联端口"相连时,因"级联端口"内部已经做了"跳接"处理,所以这时只能用"平接"双绞线来完成其连接,如图 1-50 所示。

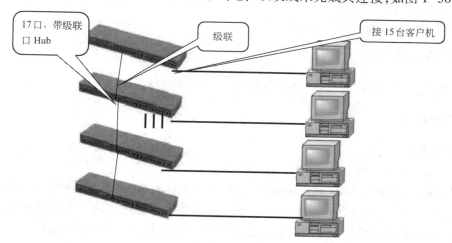

图 1-50　10-BaseT 局域网结构图

(二)对等网操作

　　对等网属于工作组结构的网络。对等网中的每一台计算机都是平等的,它们之间没有层次的划分;对等网不需要专用的服务器,每一台计算机可以同时既是客户机又是服务器。对等网架设简单,成本低,易于维护,可扩充性好,而且实现起来也非常容易。适用于计算机数量较少且微机布置相对集中的场合,如办公室、学生宿舍等。

(三)网络测试

网络物理连接上了,并不代表网络就能通的,所以需要检测网络连接是否正常。Ping 是一个实用的网络测试程序,用于确定本地主机是否能与另一台主机交换(发送与接收)数据报。根据返回的信息,就可以推断 TCP/IP 参数是否设置得正确以及运行是否正常。简单来说,Ping 就是一个测试程序,如果 Ping 运行正确,大体上就可以排除网络访问层、网卡、Modem 的输入输出线路、电缆和路由器等存在的故障,从而减小了问题的范围。

五、实训步骤

1. 安装网络适配器并连接网线

若网卡已安装可跳过此步骤。

将网络中的各工作站连接到集线器(Hub)上。

将压好的"平接"网线一端插入计算机网卡插槽内,另一端插入 Hub 插槽内。

2. 安装网络协议

在 WindowsXP 系统中,选择桌面上的"网上邻居",单击右键,在弹出的快捷菜单中单击"属性",进入网络对话框;在"常规"中,确保已经安装了如图 1-51 所示的网络协议。

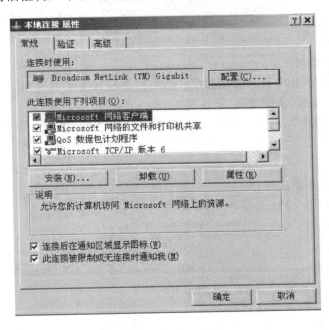

图 1-51　网络属性

在 Internet 协议(TCP/IP)中双击,在属性中可以见到 IP 地址,如果系统安装了 DHCP,则可以自动获得地址,不然需要手动修改 IP 地址。

TCP/IP 网络参数设置过程如图 1-52 所示。

设置 IP 地址,如 192.168.1.31(IP 地址中的主机号应为 1~254)。

设置子网掩码,如 255.255.255.0(表明该网络是一个 C 类地址的网络)。

设置网关,如 192. 168. 1. 1（网关最好设为网段的第一个或最后一个 IP 地址）;

设置域名服务器 DNS,如 192. 168. 1. 9（接入 Internet 时需设置此项,了解 DNS 服务器的作用）。

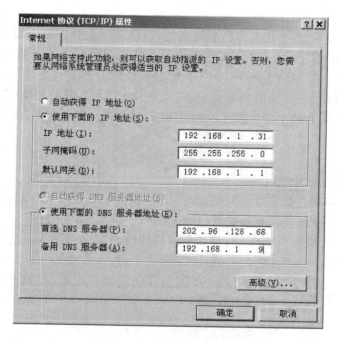

图 1-52　网络参数设置

3. 获取本机 IP 地址

IPconfig 是 DOS 界面的 TCP/IP 配置程序,可以查看和改变 TCP/IP 配置参数。在默认模式下显示本机的 IP 地址、子网掩码、默认网关。

在 XP 系统中,单击"开始"—"运行",输入 CMD 确认后,输入命令 IPconfig,可以得到本机的 IP 地址。

得到的结果如下:

Ethernet adapter 本地连接:

Connection - specific DNS Suffix:

IP Address. . . . . : 192. 168. 1. 31

Subnet Mask . . . . : 255. 255. 255. 0

IP Address. . . . . : fe80::216:e3ff:fe9e:184d%5

Default Gateway . . . . : 192. 168. 1. 1

4. 测试本机 IP 及网络连接

在 XP 系统中,单击"开始"—"运行",输入 CMD 确认后,输入命令 Ping 192. 168. 1. 31（以刚才的 IP 为例）,可以测试本机的 IP 网络连接。

Ping 192. 168. 1. 31

得到的统计结果如下:

Pinging 192. 168. 1. 31 with 32 bytes of data:

Reply from 192. 168. 1. 31: bytes = 32 time < 10ms TTL = 128

Reply from 192. 168. 1. 31: bytes = 32 time < 10ms TTL = 128

Reply from 192. 168. 1. 31：bytes=32 time<10ms TTL=128

Reply from 192. 168. 1. 31：bytes=32 time<10ms TTL=128

Ping statistics for 192. 168. 1. 31：

Packets：Sent=4，Received=4，Lost=0（0% loss），

Approximate round trip times in milli-seconds：

Minimum=0ms，Maximum=0ms，Average=0ms

如果要测试本机与其他电脑的连接,可以在本机中用 Ping 测试,方法如下：

Ping 192. 168. 1. 32（192. 168. 1. 32 是其他电脑的 IP 地址）

或者 Ping GDserver（GDserver 是其他电脑的名称）

至于 Ping 的其他用法,可以输入 Ping /？得到详细使用方法。对于网络测试的命令,如 Rount、WinIPconfig、TraceRT 命令,请自行输入测试,有问题也可以在命令后加 /？得到详细帮助。

六、问题与思考

1. 绘制学院的校园网络拓扑结构,根据拓扑结构你认为有什么要整改的地方吗？

2. 简述局域网的特点。

3. 对于双机互连,除了实训原理中介绍的四种方法外,还见过其他方法吗？

4. 若用"平接"线将两台机器连接起来会出现什么结果？

七、实训报告

对实训步骤、实训结果进行详细记录,上交给任课教师评分。

1. 实地调查本单位和你熟悉的周边单位(2~3 个),绘制它们的网络拓扑图。

2. 什么是局域网？什么是广域网？

3. 网线接口制作的主要步骤有哪些？

4. 组建一个计算机网络常用的硬件有哪些？它们的功能分别是什么？

第二章
牵引供电系统远动概述

【预备知识】

牵引供电系统是专门向电力机车提供电源的特殊网络,主要由牵引变电所、牵引网两部分构成,外部电源取自地方电网。电力机车通过受电弓在接触线上滑动取流,所以接触网沿铁路呈辐射状布置,线路长,运行条件恶劣,检修工作量很大。为了保证牵引供电系统的安全、经济和可靠运行,对其配有完善的远程调度系统,可以实现"五遥"功能。如图2-1所示为牵引供电调度中心工作情景图。

图2-1 牵引供电调度中心工作情景图

【推荐学习环境】

1. 变电所综合自动化实训室;
2. 真实变电所;
3. 电力调度控制室。

【知识学习目标】

通过本章的学习,您将可以掌握以下知识:

1. 牵引供电系统远动技术基本知识;
2. 牵引供电系统 SCADA 系统功能及构成;
3. 牵引供电系统远动装置运行规程。

【能力训练目标】

通过实训项目的训练,您将可以具备以下能力:

完成越区供电调度工作程序。

第一节 牵引供电系统远动技术概述

一、远动技术的任务和功能

远动技术即是调度所与各被控端(如变电所等)之间实现遥控、遥测、遥信、遥调和遥视(简称"五遥")技术的总称。远动技术常应用于被控对象远离被控点或是有危险不可靠近的大、中型系统中,如:电力系统、牵引供电系统、石油开采、煤矿、农田灌溉、给排水系统、列车运行、大型联合企业、气象、宇航、原子能及军事目标控制等监控领域。

远动技术的出现和发展为牵引供电系统调度管理提供了新的技术手段,对缩小系统故障危害面,缩短故障处理时间,减少停电损失,提高调度的灵活性,保证系统安全、经济和可靠运行起到了重要作用,是实现牵引供电系统现代化管理的重要技术措施。

1. 远动技术的主要任务

远动技术的主要任务分为两大类:集中监视和集中控制。

集中监视:正常状态下,实现系统的合理运行方式;故障状态下,及时了解事故发生原因和范围,加快事故处理。

集中控制:调度人员可以借助远动装置对设备进行遥控或遥调,可提高运行操作质量,改善运行人员的劳动条件,提高劳动生产率。

2. 远动技术的五遥功能

远动技术具有"五遥"功能:遥控、遥测、遥信、遥调、遥视。

(1)遥控(YK)

对被控对象进行远距离控制。被控对象可以是固定的,如工厂的机器,输油、输气、供水管道上的泵和阀,铁路上的变电所、分区所、开闭所,电力系统的发电厂、变电所的开关等;也可以是活动的,如无人驾驶飞机、卫星等。调度中心运用通信技术,对电厂、变电所的设备发送开停或投切的命令,相应厂、站收到命令后执行。在牵引供电系统中遥控对象主要有牵引变电所、开闭所、分区亭内 27.5 kV 及以上电压等级的断路器、负荷开关及电动隔离开关;接触网负荷隔离开关;地铁牵引变电所的 1 500 V(750 V)直流快速断路器、直流电源总隔离开关;地铁降压变电所的进线断路器、母联断路器等;有载调压变压器的调压开关等。

(2)遥测(YC)

遥测就是对被测对象的某些参数进行远距离测量。如遥测铁路牵引供电系统中变电所、分区亭中的有功和无功功率、电度、电压、电流等电气参数及接触网故障点等非电气参数;地铁牵引变电所直流母线电压、牵引整流机组电流与电能、牵引馈线电流、负极柜回流电流;变电所交直流操作电源的母线电压等。电厂、变电所如电压、电流、功率、水位、气压等实时信息经过采样后,运用通信技术送到调度中心端储存并显示。

(3)遥信(YX)

将被控站的设备状态信号远距离传送给调度端。状态信号如将电厂、变电所的设备状态信号及报警信号,断路器、隔离开关的位置状态,继电保护、自动装置的动作状态,厂站端事故总信号,发电机组开、停状态信号以及远动终端、通道设备的运行和故障等信号。这些位置状态、动作状态和运行状态都只取两种状态值。如开关位置只取"合"或"分",设备状态只取"运行"或"停止"。因此,用一位二进制码字中的一个码元就可以传送一个通信对象的状态。信号采集后,运用通信技术送到调度中心端储存并显示。

（4）遥调（YT）

调度端直接对被控站某些设备的工作状态和参数进行调整。如调度中心端利用通信技术，对电厂、变电所可调节设备的电压、功率因素等进行调节。

（5）遥视（YS）

调度端直接对被控站设备进行远程监视控制。变电所的遥视涉及以下场所和设备：变电所内场区环境；主变压器外观及中性点接地开关；变电所的户外断路器、隔离开关以及接地开关等；变电所内的各主要设备间。变电所监控适合在无人值守的环境中，监控中心进行远程监控、管理和维护，电子地图功能可按用户的要求安排摄像机、报警源、地图链接，双击摄像机图标可转到相应的画面，报警式自动转到联动的摄像机画面，实现移动监视，外接开关量报警，实现报警上传、联动机制等，报警后可以联动录像、摄像机预置位、现场声、光报警设备，并上报调度端。

上述五个功能即是常说的"五遥"功能，在牵引供电系统中主要实现除遥调外的其他"四遥"功能。

二、远动系统的性能指标

衡量远动系统的性能指标如下。

1. 可靠性

指设备在技术要求所规定的工作条件下，能够保证所规定技术指标的能力。整个系统可靠性用系统的可用率来表示，远动系统中每个设备的可靠性一般用平均无故障间隔时间表示，远动系统中传输可靠性是用信息的差错率来表示。

远动系统对于装置的可靠性有很高的要求。一次误动作或者失效都有可能引起严重的后果，造成生命和财产的损失。可靠性包括装置本身的可靠性及信息传输的可靠性两个主要方面。

远动系统中每个设备的可靠性一般用平均故障时间，即两次偶然故障的平均间隔时间来表示。而整个系统的可靠性通常可以用可用率来表示。

$$可用率 = \frac{运行时间}{运行时间 + 停用时间} \times 100\% \tag{2-1}$$

式中停用时间包括故障和维修时间。影响可用率的重要因素有：设备的质量、维护检修情况、环境条件、电源供电可靠性及备用的程度等。

国外的远动装置平均故障时间已达 30 000 h，国内要求在 8 000 h 以上。

远动信息传输过程中，会因为干扰而出现差错，传输可靠性是用信息差错率来表示的。

$$差错率 = \frac{信息出现差错的数量}{传输信息的总数量} \tag{2-2}$$

在通常情况下，差错率要求在 10^{-10} 以下。

2. 容量

把遥控、遥调、遥信、遥测和遥视等对象的数量，统称为该装置的容量。主要指实际应用中，五遥对象及内容要满足于实际用户的远动要求，同时也要考虑到五遥功能的可扩展。容量越大，则表示该远动系统所能完成的功能越多。

3. 实时性

实时性指从发送端事件发生到接收端正确地接收到该事件信息这段时间间隔，用传输时延来表示。例如，电力系统典型的最大容许时延，在传送遥测信号时为 2~10 s，在状态变化

（例如开关跳闸）时为 0.5~5 s,在传送遥控、遥调等命令时为 0.1~2 s。

4. 抗干扰能力

任何信道中必然存在着人为或自然的干扰。在自然干扰中最有害的是工业干扰和起伏干扰。此外,在多路传输时还有信道间的相互干扰。因此,在远动系统信道另一端所得到的已不是原来的信号,而是信号 $f(t)$ 和干扰 $n(t)$ 的混合。假如信道的输出端没有特殊的方法把原来的信号 $f(t)$ 分离出来,减免干扰的影响,则在实现五遥功能时有可能出错。

在有干扰的情况下,远动系统仍能保证技术的能力称为远动系统的抗干扰能力。增加抗干扰能力的方法有两种:在信道输入端适当变换信号形式,使其不易受干扰信号的影响;在接收端变换环节的结构加以改善,使其具有消除干扰的滤波能力。

远动系统的上述主要性能指标对同一系统往往不能同时满足,其中存在矛盾,因此需要权衡利弊,予以选择。此外,远动系统还应具有足够的灵活性,以便使系统能在用途改变或容量变更时,只需稍作改动或简单地增加设备就可运用。设计较好的远动系统还应做到使用维护方便和成本低廉,设计尽可能简单化,使用户在操作上易于掌握和便于维护,这将对降低成本和提高系统可靠性大有好处。

随着铁道电气化的迅速发展,牵引供电系统的运行、调度管理工作日益复杂。计算机远动技术在铁道电气化中得到了广泛应用,牵引供电系统设有电力调度所,统一指挥供电系统的运行,集中管理沿铁道分布的许多牵引变电所、分区亭、开闭所和 AT 所中的电气设备。为了保证供电系统运行的可靠性和经济性,调度所必须及时掌握系统的实际运行情况。

第二节　牵引供电 SCADA 系统功能及构成

牵引供电系统的运行、调度、管理工作日益复杂,要做到安全、经济和可靠,必须建立一个能对供电一次系统主要设备进行监视、测量、调整、控制以及管理的自动化系统。调度自动化的功能主要包括安全监视、安全分析、经济调度及自动控制。

电力系统的实时数据采集及向调度中心的集中综合技术系统称为远动系统,要实现数据处理、屏幕显示、打印及人机对话等功能,则还要将微机远动与各种微型计算机相结合,这就构成了 SCADA(Supervisory Control And Data Acquisition,数据采集与监视控制)系统。SCADA 系统是以微型计算机为主构成的远方监视控制和数据收集系统,对现场的运行设备进行监视和控制,以实现数据采集、设备控制、测量、参数调节以及各类信号报警等各项功能,简称远方监控系统。

SCADA 所接的控制设备通常是 PLC(可编程控制器)或者是智能表、板卡等。SCADA 不仅应用于钢铁、电力、化工等工业领域,还广泛用于食品、医药、建筑、科研等行业,其连接的 I/O 通道数从几十到几万不等。

一、SCADA 系统的基本功能

电力系统的 SCADA 系统的常规功能包括数据采集(遥测、遥信)、报警、状态监视、遥控、遥调、事件顺序记录、统计计算、趋势曲线、事故追忆、历史数据的存储和制表打印;非常规功能包括支持无人值班变电所的接口、实现馈线保护的远方投切,定值远方切换、线路动态着色、地理接线图与信息集成。

1. 数据的收集及监控

SCADA 系统对现场的运行设备进行监视和控制,以实现数据采集、设备控制、测量、参数调节以及各类信号报警等各项功能,对供电系统设备运行状态的实时监视和故障报警,实现对遥控对象的遥控。遥控种类分选点式、选站式、选线式控制三种。

2. 数据处理

调度中心将各厂、站传输来的实时数据进行处理,并给出各种图表,CRT 画面显示潮流功率图、事故报警、统计报表,并可在模拟屏显示等。实现了对供电系统中主要运行参数的遥测。

3. 报表统计

根据分析的需要,对运行和故障记录信息进行分析统计,最终结果可通过 PC 机屏幕画面显示、模拟屏显示,或打印出来。

4. 人机处理

以友好的人机界面实现系统操作、管理和维护功能,实现系统自检功能,实现主/备通道的切换功能。

二、SCADA 系统的硬件构成

SCADA 系统主要由 3 部分组成:调度端(Master Station,MS)、远方终端(Remote Terminal Unit,RTU)和通道。

1. 调度端

调度所的远动装置部分称调度端,一般设于各铁路局集团公司总部。调度端完成数据收集、数据处理、控制与调节和人机联系功能,根据运行需要发送遥控、遥调命令。主要由一台网络交换机、一台后台服务器、两台调度员工作站、一台通信前置机、一套大屏幕显示设备(投影仪)、一台 UPS 设备、一台 GPS 对钟装置以及一个配套安装机柜和调度员工作台等设备组成。如图 2-2 所示为调度端框架图。

图 2-2　调度端结构框图

调度端将通道送来的信号进行数据处理后,送至后台服务器中,显示各种图形,制作各种报表、曲线;必要时,将数据送到上一级调度,数据存储在后台服务器供运行分析使用。

模拟屏设置于操作控制中心(Operation Control Center,OCC)室中,用来显示整个被控供电情况,即显示所有断路器、隔离开关及接触网等的运行状态,还配置两套音响报警设备,一套为警报使用,另一套为预告使用。联络各计算机采用局域网(LAN),该 LAN 遵循 ISO/OSI 国际标准。

前置机(通信处理机)是专为处理大量远程数据通信而设计的设备。主要作为运动数据通道接口,扩大远程 I/O 的容量,完成数据的发送、接收及数据的子处理(简称 RCG),如通信规约的变换等减轻控制站主机节点的 CPU 负荷。

系统配置一套 GPS 时钟系统,此时钟与控制中心主母钟同步,可显示年、月、日、时、分、秒。

2. 远方终端

置于发电厂或变电所一端的远动装置称为远方终端设备(RTU),一般设于沿线的变电所(或分区亭、开闭所)中。RTU 对需要进行监测的各物理量及状态量进行采集,由于信息传输距离远,RTU 将采集后的信息进行抗干扰加工(称抗干扰编码),然后再变换成适合通道传送的信号形式,并按一定方式送入通道。RTU 的另一作用是接收由通道送来的遥控或遥调命令,并执行。如图 2-3 所示为 RTU 结构框图。

3. 通道

通道是连接调度端与执行端的通信网络,传输二者交换的命令与数据。通道并不是简单的几条导线,而是包括信号传输的加工设备。

如图 2-4 所示,通道两端设置有调制解调器(Modem)。由 RTU 送出的数字信号实际是经过 Modem 的调制器调制成适合通道传送的形式(例如高频正弦波信号或其他形式)再传送。调制过的信号经过通道传送后,再经过调度端的 Modem 中的解调器还原成原来的数字信号。广义的通道包括了两端的 Modem。

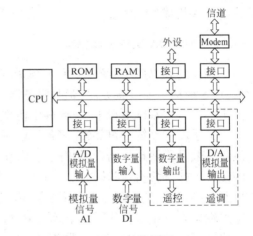

图 2-3　RTU 结构框图

图 2-4　远动信息结构及信息传输示意图

SCADA 通过多种方式与外界通信,具体通信内容将在第六章进行详细介绍。

现有的通信线路(即信道)种类很多,就电力系统远动信道而言,目前主要采用如下几种。

(1)用架空明线或电缆直接传送远动信息

(2)远动与载波电话复用电力线载波信道

(3)光纤通信

(4)无线信道。远动与微波通信设备复用,无线传送远动信息。

其中(1)、(2)、(3)属于有线信道。

通常信道可有两种理解:一种是指信号的传输媒介,如架空明线、同轴电缆、超短波及微波视距传输(包括人造卫星中断)路径、短波电离层反射路径、超短波及微波对流层散射路径以及光导纤维等,此类型信道为狭义信道。另一种是将传输媒介和各种信号形式的转换、耦合等设备都归纳在一起(如发送设备、接收设备、馈线与天线、调制器、解调器等),称这种扩大范围的信道为广义信道。两种信道的区别和联系如图 2-5 所示。

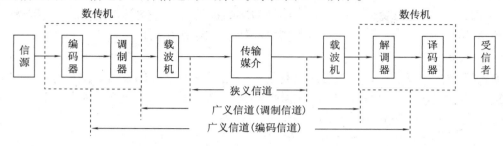

图 2-5　数据传输系统中的信道

光也是一种电磁波,用这种电磁波作为传输信息的载体进行的通信称为光通信。光通信是一种前所未有的新技术,具有很多特征。光通信系统的主要组件是光学纤维和光源以及用这些组件构成的系统。

三、SCADA 系统整体框架

现行的 SCADA 系统主要有 C/S 和 B/S 两种框架结构。C/S 结构由服务器和客户端组成,B/S 结构主要由服务器、Web 服务器和 Web 客户端构成。服务器配置在不同的机器上,甚至不同的操作系统平台上,彼此分工协作,形成统一整体,构成了 SCADA 的分布式体系结构。

为了增加系统的可靠性,服务器端采用双机热备,重要场合可以一机多备。服务器双机热备一般是将两台机器配置相同,一台作为主站,另一台机器作为备用副站,主站完成服务器的正常工作,另一台与其同步。当主站故障时,副站接替主站的工作。主站与副站是相对的,可互换的,双机热备包含 I/O 通道的热备。由于多个客户可以同时访问一个服务器端,所以客户端本来就是多重的。一个系统中,可以有多个服务器,每个服务器可带有多个 I/O 设备。客户端可以访问一台或多台服务器。Web 服务器可以作为多个服务器的代理,将 Web 客户与各服务器连接起来。

服务器的功能主要是进行数据处理和运算。而客户端主要用于人机交互,文字和图形可动态变化,如文字可显示现场 I/O 量的大小,图形的颜色变化表示现场状态量的改变等并可以对现场的开关、阀门进行操作。也可通过 Web 发布在 Internet 上进行监控,这是一种“超远程客户”。硬件设备(如 PLC)一般既可以通过点到点方式连接,也可以以总线方式连接到服务器上。点到点连接一般通过串口(RS-232),总线方式可以是 RS-485、以太网等连接方式。总线方式与点到点方式区别主要在于:点到点是一对一,而总线方式是一对多,或多对多。在一个系统中可以只有一个服务器,也可以有多个,客户也有可以一个或多个。只有一个服务器和一个客户的,并且二者运行在同一台机器上的就是通常所说的单机版。服务器之间,服务器与客户之间一般通过以太网互连,有些场合(如安全性考虑或距离较远)也通过串口、电话拨号或 GPRS 方式相连。

四、SCADA 系统发展瞻望

SCADA 系统具有明显的优势,能提高工作效率,具有较强的易维护性。SCADA 系统内部功能强大,组织复杂,但是对用户是透明的,所以用户的组态工作量不大,易于维护。随着技术的发展,SCADA 系统将在以下领域有广泛应用。

1. SCADA/EMS 系统与其他系统的广泛集成

SCADA 系统是电能量计量系统(Energy Management System,EMS)的基础模块,为 EMS 系统提供大量的实时数据。现在 SCADA 系统已经成功地实现与调度员模拟培训系统(DTS)、企业管理信息系统(MIS)系统的连接。SCADA 系统与地理信息系统、水调度自动化系统、调度生产自动化系统以及办公自动化系统的集成成为 SCADA 系统的一个发展方向。

2. 变电所综合自动化

以 RTU、微机保护装置为核心,将变电所的控制、信号、测量、计费等回路纳入计算机系统,取代传统的控制保护屏,能够降低变电所的占地面积和设备投资,提高二次系统的可靠性。

3. 专家系统、模糊决策、神经网络等新技术研究与应用

利用这些新技术模拟电网的各种运行状态,并开发出调度辅助软件和管理决策软件,由专家系统根据不同的实际情况推理出最优化的运行方式或处理故障的方法,以达到合理、经济地进行电网电力调度,提高运输效率的目的。

4. 面向对象技术、Internet 技术及 JAVA 技术的应用

面向对象技术(Object-Oriented Technology,OOT)是网络数据库设计、市场模型设计和电力系统分析软件设计的合适工具,将面向对象技术运用于 SCADA/EMS 系统是发展趋势。

第三节　牵引供电系统远动装置运行规程

为了严格管理,确保远动设备安全可靠运行,安全生产达到基本稳定,有序可控,规范系统的使用与管理,以 10 kV 远动装置规程为例来说明远动管理、维护和检修试行办法。

远动装置投运后,应定期校核遥测的准确度及遥信的正确性,其遥控、遥调功能可与一次设备同步进行,并做详细记录。远动装置检验周期和项目、轮换和维护,应根据各设备的具体要求执行。对运行不稳定的设备加强监视检查,不定期地进行检验,同时应做好远动装置日可用率、事故遥信年动作正确率、遥测月合格率、遥控月正确动作率的分析与统计。同时将监控系统不间断电源(UPS)、逆变装置电源系统、操作员机(MMT)、远动终端装置(RTU)、电能量采集装置(ERTU)和光端机(SDH)的运行注意事项编入现场运行规程。远动设备的各部分电源、熔断器、保安接地,必须符合安装技术标准,站端的设备外壳必须与站内地网可靠接地。采用独立接地网,应测试接地电阻。接地装置必须每年雷雨季节前检查一次。

一、主 控 站

远动检修人员在检修主控站远动设备时需经值班调度员同意,并在检修记录中登记后方可开工,检修完工后需双方确定设备处于正常工作状态并签字后方可离开。

值班调度未经检修人员同意,不得进入系统及数据库进行更改设置。主控站具备主、备电源和 UPS 三路电源。交流电源需在 $380(1^{+15\%}_{-10\%})$ V 和 (50 ± 3) Hz 的范围内。在正常运行中,除值班调度与维护人员外,任何人不得操作工控机。当正在处理外线事故时,除值班调度外,任何人不得操作工控机,以防误操作。

系统员每周全面检查主机的运行情况,值班调度发现机器运行不正常即报维护人员进行处理。值班调度每天一次(电调交班时),检查通道及被控站的运行情况。任何人不得利用工

控机做与远动无关的工作。任何人不得在带电的情况下拔插所有远动设备的插头。UPS 后备电源必须工作在逆变状态,并且每月放电一次,时间为 30 min。

二、被控站

所有检修工作需在断电后进行,且断电至通电时间间隔至少 10 s。所有的对 RTU 内部的维护完毕后,必须仔细检查插线正确、安装牢靠、接触良好方可通电。

通道的检查先由主站开始,值班员发现异常时向维护人员报告,维护人员必须尽快处理。巡检的内容包括:RTU 遥控试验对象及风扇,观察遥信和遥测值;直流屏的工作状态和电压输出值。交流电源需在 220(1±20%)V 和(50±3)Hz 的范围内,直流电源需在 220(1±20%)V。

三、远动倒闸作业

调度员应根据工作票或"运行方式变更通知"填写调度远动操作记录。操作记录由副班调度填写,主班调度确认,每张操作记录只能填写一个操作任务。

停电操作必须按照先断路器后隔离开关的顺序操作,送电操作的顺序则相反。

远动作业前,应按调度远动操作记录记载的操作顺序在电脑中模拟操作。如有疑问,不得擅自更改,需经主、副班调度共同确认后再操作。远动操作必须由两人进行,一人操作,一人确认,每完成一项做一记号"√"。全部操作完成后进行复查。

在发生人身触电、变配电设备紧急故障时,值班调度可立即断开有关断路器和隔离开关,并电话通知配电所做好安全措施,此项操作完毕后,应记入操作记录内。

四、远动倒闸辅助作业

作业人员当地电动分合真空断路器或电动隔离开关,必须把选择开关置当地位;调度中心远动操作真空断路器或隔离开关,选择开关必须处于远动位。

作业人员当地操作开关时,必须严格执行分合闸操作程序:分闸时必须先分断路器,后分隔离开关;合闸时先合隔离开关,后合断路器。

现场安全措施由现场作业人员按规程完成。无人值班配电所值守人员在实施安全措施或检查高压柜时,必须在监护人员的监护下进行。当地操作人员离开配电所、开关站时,必须把选择开关置远动位。

五、高压室操作

自闭隔离开关操作电源引自贯通变压器,贯通隔离开关操作电源引自自闭变压器。

电动就地分合真空断路器或墙上隔离开关,必须把选择开关打向当地位,安调室远动操作真空断路器或隔离开关,选择开关必须处于远动位。

开关分合闸程序如下:分闸时必须先分断断路器,后分隔离开关;合闸时先合隔离开关,后合断路器。当地操作人员离开高压室时,选择开关应打向远动位。

六、远动设备巡视

巡视高压室内的远动设备(远动屏、直流屏、电池屏)进行检查,以确保远动设备的可靠运行。

需检查的项目如下:打印机工作正常;远动装置专用的 UPS 运行正常;设备指示灯,各回路信号指示灯指示正常;远动站通道和主站设备的通信装置运行正常;接入远动装置的遥信接点、开关辅助接点、继电器接点及端子排、连线接触和连接应可靠;各类遥测信号应正确。电池的液面高度是否良好。合闸母线、控制母线电压是否正常。隔离开关、风扇的电源操作开关应置于"远动"位(若开口作业除外)。RTU 远动载波指示(CD 灯)是否亮,上下行收发指示灯是否交替闪光。

需巡视的项目如下:双路电源切换是否良好。电池的充电回路是否良好。电池活放电是否正常。闪光试验是否良好。合闸母线、控制母线电压是否正常。RTU 远动载波指示(CD 灯)是否亮,上下行收发指示灯是否交替闪光。RTU 工作电压是否正常(+ 5 V、- 12 V、+ 12 V、+ 24 V)。检查"远动转换开关"是否置于远动位(有作业需做安全措施等特殊情况时除外)。

七、无人值班配电所

配电所各种钥匙、工具、仪表、备品等必须一一清点;外借工具要有借条;备品使用后要填写记录,并检查工具、仪表、备品摆放是否整齐。

交班人员应对接班人员说明上一班所完成的主要工作,如发生故障须处理完后,才可交接班;交接班前,交班人员须对配电所进行卫生清扫;交接班完毕后,双方均应在交接班记录本上签字。

每天必须对设备巡视检查两次,白天交接班时一次,晚上熄灯巡视一次,如遇特殊情况(雷雨)应进行特别巡视;巡视要根据巡视路线图进行,不可漏巡或少巡;巡视要检查设备有无异音及异味,注油设备油面、油温是否正常,有无漏油、渗油;必须以手触摸高压柜检查是否有发热情况,发现异常立即汇报调度;室内温度过高时应将空调打开降温;巡视完毕应抄表并填写记录本。

八、设备检修

配电所设备检修前检修人员须将检修内容通知调度;设备检修后,检修人员应填写设备检修记录本,并经包检人员核实后,方可离开;检修完毕,检修人员和包检值班人员应清理现场并汇报调度。

配电所设备发生故障时,如包检人员有能力排除,应在值班调度的指挥下进行处理。包检人员必须将故障的处理结果汇报调度,如处理不了,调度再组织相关的班组人员进行处理。为保证人身安全,进行高压设备故障的检修处理,现场必须不少于两人。

对全部远动装置进行检查、清扫;修换不良零部件,易损件;检查修理各种开关接点和接触性能的好坏;检查各种灯光、音响信号;检查各接地部分和避雷装置,测量接地电阻;作模拟遥控和通信测试试验。

远动设备检修周期。主控站:大修 8 年、中修 3 年、小修 1 年;被控站:大修 8 年、中修 3 年、小修 1 年。

中修范围包括:做测试实验;更换不良模板;更换不良继电器元件、仪表及更换不良的控制电缆和绝缘配线;涂刷已褪色的各部分油漆;RTU 总线板、模拟屏、控制箱作内部检查、修理;更换不良的整流元件和 UPS;检修保安器、隔离变和接地装置;紧固构架并作防锈处理。

大修范围包括:更换不合技术要求的模板;修换不良的变送器、保安器、隔离变;修换不良的构架、控制电缆和二次配线;更换不良的保安器和蓄电池组;修换不良的 UPS、打印机、彩显、工控机、模拟屏的控制箱,整饰外观,涂绘标志。

第四节　越区供电案例分析

一、越区供电原理

接触网供电方式有单边供电、双边供电和越区供电。

单边和双边供电为正常的供电方式。单边供电是指供电臂只从一端的变电所取得电流的供电方式，双边供电是指供电臂从两端相邻的变电所取得电流的供电方式。越区供电是通过分区亭内的开关设备去实现的，当某一牵引变电所因故障不能正常供电时，故障变电所担负的供电臂，经开关设备与分区亭相邻的供电臂接通，由相邻牵引变电所进行临时供电。牵引供电系统的分区亭一般设在馈电臂末端，即在两个牵引变电所中间，其作用是当需要改变牵引网的供电方式时，可以通过分区亭进行转换，将上、下行连接，在必要时还可以通过隔离开关实现越区供电。

因此，越区供电是一种非正常供电方式（也称事故供电方式），是在不得已的情况下，短时采用的一种运行方式。正常运行时，列车从相邻的牵引变电以单（双）边供电方式获得电能，越区隔离开关断开。当其中一个牵引变电所因故障退出运行时，合上越区隔离开关，通过越区隔离开关由正常牵引变电所向故障牵引变电所方向供电。正线上任何牵引变电所故障退出运行时，均由相邻牵引变电所越区供电。在越区供电方式下，供电末端的接触网（或接触轨）电压较低，电能损耗较大，因此，视情况要适当减少同时处在该供电区段的列车数目。

越区供电时允许通过的列车数量取决于邻接牵引变电所主变压器的容量、接触网最大允许电流以及供电臂末端电压等因素。允许通过列车的数量，可参照表2-1。

表2-1　相邻变电所越区供电时变电所间允许通过的列车数量表

牵引变电所间距（km）	直供方式复线区段允许列车数（列）
50~60	3
40~50	4
40 以下	5

二、越区供电故障处理

牵引供电系统设置完善的可远程操作的调度系统对变电所、分区所和开闭所的设备进行控制。电力调度员可以通过两种方式完成设备控制：在调度中心直接对设备进行控制；通过一定的通信方式（如电话）指挥变电所、分区所和开闭所的工作人员进行设备操作。下面以乌石牵引变电所向河头牵引变电所越区供电工作程序为例，说明电力调度员实行越区供电与解除越区供电工作程序。

1. 越区供电工作程序

由于牵引供电系统发生故障，乌石牵引变电所正常供电，河头牵引变电所退出运行，需要通过沙口开闭所中的隔离开关由相邻变电所乌石牵引变电所越区供电。

图2-6是越区供电故障处理示意图，图中：QF 表示断路器，QS 表示隔离开关。合闸原则：由于断路器带有灭弧功能，隔离开关不能带负荷操作，所以在合闸操作时要先合隔离开关，再合断路器，分闸操作时先分断路器，再分隔离开关。值得注意的是，以下操作顺序需严格执行，次序不能混乱。

（1）河头牵引变电所

确认211QF、2111QS、212QF、2121QS 在"分闸"位置，确保故障变电所与线路断开，不会进行意外供电。

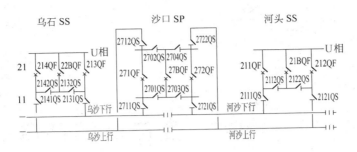

图 2-6　越区供电故障处理示意图

确认 2112QS、2122QS、21BQF 控制机构在中间位，既不是在"分闸"位置，也不是在"合闸"位置。

（2）乌石牵引变电所

确认 U 相电压水平在 27.5 kV 附近，乌沙上下行供电臂正常供电，能满足供电的需要。

（3）沙口分区所

合 2711QS、2712QS、2721QS、2722QS，确认在"合闸"位置（先合隔离开关）。

合 271QF，确认在"合闸"位置（后合断路器）。

合 2702QS、2703QS，确认"合闸"位置（或者合 2701QS、2702QS）（先合隔离开关）。

合 27BQF，确认"合闸"位置（后合断路器）。

合 272QF，确认"合闸"位置（后合断路器）。

至此，由乌石牵引变电所向河头线供电的操作完成。

2. 解除越区供电工作程序

（1）沙口分区所

分 272QF，确认"分闸"位置（先分断路器）。

分 27BQF，确认"分闸"位置（先分断路器）。

分 2702QS、2703QS，确认"分闸"位置（或者分 2701QS、2702QS）（后分隔离开关）。

至此，由乌石牵引变电所向河头线越区供电的解除操作完成。

上述这些操作，通过远动功能，由调度端进行操作完成，大大缩短故障处理时间。

1. 简述远动技术的组成。

2. 远动技术的主要任务和主要功能分别是什么？

3. 衡量远动系统性能的指标有哪些？请分别说明。

4. 运动系统的实时性是用什么来表示？

5. 运动系统传输可靠性是用信息的差错率来表示，此差错率是如何定义的？

6. 运动系统的可靠性可用系统的可用率来表示，此可用率是如何定义的？

7. 远动信号有哪些类型？信息传递的速度可用哪些量表示？说说这些量的定义。

8. 简要说明牵引供电远动装置系统的运行规程。

第三章
变电所综合自动化概述

【预备知识】

变电所是电力系统中电磁能量转换及能量再分配单元,电力系统的大量保护装置、监控装置、辅助装置都设置在变电所中,因此,变电所作为整个输配电系统中的主要被控点(RTU)不是独立的,同时对变电所各供电设备进行保护、控制和测量,又具备独立的功能。变电所综合自动化是电力系统及计算机相关技术发展到一定程度的产物,是整个电力系统自动化工程中的重要一环。如图 3-1 所示为新型牵引变电所工作情景图。

图 3-1　新型牵引变电所工作情景图

【推荐学习环境】

1. 变电所综合自动化实训室;
2. 真实变电所。

【知识学习目标】

1. 掌握变电所综合自动化的概念及特点;
2. 掌握变电所综合自动化系统的基本功能;
3. 掌握变电所综合自动化系统的结构形式和配置;
4. 掌握变电所综合自动化技术的发展方向。

第一节　变电所综合自动化的概念及特点

一、概　述

变电所是供电系统中不可缺少的重要环节,它担负着电能转换和电能重新分配的重要任务,对供电系统的安全、可靠和经济运行起着举足轻重的作用。变电所二次系统的功能是:对分散的断路器等电气设备进行控制;对变电所的各种测量和状态数据进行分散采集和综合分析;利用各种数据信息对变压器、电力线路、电容器等电气设备和供电系统进行保护、监视和优化管理。

常规变电所的二次设备由继电保护、自动装置、测量仪表、操作控制屏和中央信号屏以及远动装置(部分变电所没有远动装置)等部分组成。20 世纪 80 年代以来,由于集成电路技术和微机技术的发展,上述二次系统开始采用微机技术,例如:微机保护装置、微机自动装置、微机监控系统等。这些微机装置尽管功能不同,但其硬件结构大同小异,除微机系统本身外,主要由各种模拟量、数字量的数据采集回路和与之相匹配的 I/O 回路组成,而且各回路所采集的量和所控制的对象还有许多是共同的。这些促使科技工作者思考如何打破常规二次设备的框框,从变电所的全局出发,着手研究全微机化的变电所二次系统的优化设计问题,这就是"变电所综合自动化系统"的由来。

近 20 年来,随着微电子技术、计算机技术和通信技术的发展,变电所综合自动化得到了迅速发展,这种技术目前已成为热门话题,引起了电力工业各部门的注意和重视,并成为我国电力工业推行技术进步的重点之一。在城市地铁供电系统中,上海地铁和广州地铁在建设的初期引进了大量国外技术,率先在企业供电领域中全面使用了变配电综合自动化技术,随着国内同类产品可靠性的提高,全国地铁供电系统大量采用国产产品。在国内改造中的多数变电所,也将变配所综合自动化作为首选的技术革新项目。综合自动化的发展是传统变电所技术的一场重大革命。

二、变电所综合自动化的特点及优越性

变电所综合自动化系统利用先进的计算机技术、现代电子技术、通信技术和信号处理技术,对变电所的二次设备(包括测量、信号、保护、控制、自动和远动装置等)进行功能的组合和优化设计,从而实现对变电所的主要设备(变压器、电容补偿装置和输、配电线路等)进行自动监视、测量、控制和保护,以及与调度通信等综合性的自动化功能。

变电所综合自动化系统,即用微机保护代替常规的继电保护屏,改变常规的继电保护装置不能与外界通信的缺陷;利用多台微型计算机和大规模集成电路组成的自动化系统,代替常规的测量和监视仪表,代替常规控制屏、中央信号系统和远动屏;变电所综合自动化系统可以采集到比较齐全的数据和信息,利用计算机的高速计算能力和逻辑判断功能,可方便地监视和控制变电所内各种设备的运行和操作。

(一)特 点

变电所综合自动化系统具有结构分层分散化、功能综合化、操作监视屏幕化、运行管理智能化和通信网络化的显著特点。

1. 结构特点

变电所自动化系统的结构特点是分散和分层,分散是由于微机技术的发展,器件成本的降低,使得最先采用的由一台或几台微机实行集中监控,演变成了由许多微机实行模块化分散监控;分层是把变电所的一、二次设备大致分为 3 个物理层,即站级管理层(变电所层)、间隔设备层和网络通信层。

2. 功能特点

变电所自动化系统的功能综合化特点:保护、控制、测量逐步形成一体化设备。

3. 通信特点

变电所自动化系统构建通信网络进行信息交换,站级管理层(变电所层)和间隔设备层各层次既相互独立又通过网络通信层进行通信,与供电 SCADA 系统构建了一个标准化的三层

网络系统。

设备层：三层网络系统中底层为设备层，新建变电所的设备层基本上采用现场总线技术。

变电所层：大多采用以太网技术互联，以太网具有传输速度高、低耗、易于安装和兼容性好等方面的优势，由于它支持几乎所有流行的网络协议，所以在商业系统中被广泛采用。

调度层：可以实现多个变电所终端的互联以 TCP/IP 协议互联。

4. 采样特点

数据采样逐步由直流采样过渡到直接、交流采样方式。

5. 监视特点

操作监视屏幕化：监控单元一般采用 LCD 彩色液晶显示方式，变电所层采用微机集中监视方式。

6. 管理特点

变电所综合自动化采用分散安装，分层结构、分布式功能配置，代表当前工业自动化发展潮流。变电所综合自动化技术集继电保护功能、自动控制功能、测量表计功能、接口功能及系统管理功能为一体，完成对变电所的自动化管理，是实现变电所无人值班最有效的途径。

（二）优　越　性

变电所综合自动化优越性主要表现在如下几个方面：

（1）变电所综合自动化系统利用计算机技术和通信技术，改变了传统二次系统模式，实现了信息共享，简化了系统，减少了连接电缆，减少了占地面积，降低了造价，改变了变电所的面貌。

（2）提高了变电所的自动化水平，减轻了值班员和技术人员的工作量。

（3）先进的通信功能为各级调度提供了更多变电所的信息，以便调度中心及时掌握复杂电网及变电所的运行情况，实现对电力电能的合理调配。

（4）为无人值班管理模式提供了更好的条件，提高了劳动生产率，减少了人为误操作的可能。

（5）全面提高了变电所运行的可靠性和经济性。

第二节　变电所综合自动化系统的基本功能

变电所综合自动化系统的基本功能体现在下面 5 个子系统中。

一、监控子系统的功能

与传统变电所相比，监控子系统是整个综合自动化系统最具特色的，它利用计算机最擅长的数据处理能力及其网络技术，完成数据采集，事件顺序记录，故障录波与测距、故障记录，操作控制，安全监视，人机联系，打印，数据处理与记录，谐波分析与监视 9 种功能。

1. 数据采集

变电所的二次系统需要采集大量的数据，用来完成对一次系统进行保护、测量、控制等功能。数据采集是综合自动化系统最基本的功能。

2. 事件顺序记录

事件顺序记录（Sequence of Events，SOE）包括断路器跳合闸记录、保护动作顺序记录等，是监控子系统重要的功能之一。微机保护或监控系统必须有足够的容量，能存放足够数量或足够长时间段的事件顺序记录,确保当后台监控系统或远方集中控制主所通信中断时,不丢失事件信息,并应记录事件发生的时间（应精确至毫秒级）,为故障分析提供最直接的资料。

3. 故障录波与测距、故障记录

（1）故障录波与测距

110 kV 及以上的重要输电线路和一些特殊电力线路（如:电气化铁路的接触网）距离长、发生故障影响大,必须尽快查找出故障点,以便缩短修复时间,尽快恢复供电,减少损失。设置故障录波和故障测距是解决此问题的最好途径。变电所的故障录波和测距可采用两种方法实现,一是由微机保护装置兼作故障记录和测距,再将记录和测距的结果送监控机存储及打印输出或直接送调度主所,这种方法可节约投资,减少硬件设备,但故障记录量及测量精度有限;另一种方法是采用专用的微机故障录波器,并且故障录波器应具有串行通信功能,可以与监控系统通信。

（2）故障记录

35 kV 及以下电压等级配电线路很少专门设置故障录波器,为了分析故障的方便,可设置简单故障记录功能。故障记录是记录继电保护动作前后与故障有关的电流量和母线电压,故障记录量的选择可以按以下原则考虑:如果微机保护子系统具有故障记录功能,则该保护单元的保护启动时,即启动故障记录,这样可以直接记录发生事故的线路或设备在事故前后的短路电流和相关的母线电压的变化过程;若保护单元不具备故障记录功能,则可以采用保护启动监控数据采集系统,记录主变压器电流和高压母线电压。记录时间一般可考虑保护启动前 2 个周波（即发现故障前 2 个周波）和保护启动后 10 个周波以及保护动作和重合闸等全过程的情况,在保护装置中最好能保存连续 3 次的故障记录。对于大量中、低压变电所,没有配备专门的故障录波装置,而 10 kV 馈出线较多、故障率高,在监控系统中设置了故障记录功能,对分析和掌握情况、判断保护动作是否正确提供了依据。

4. 操作控制

综合自动化变电所中,操作人员都可通过 CRT 屏幕对断路器和电动隔离开关进行分、合闸操作,对变压器分接开关位置进行调节控制,对电容器进行投、切控制,同时能接受遥控操作命令,进行远方操作;为防止计算机系统故障时无法实现遥控操作命令,在设计时,应保留人工直接跳、合闸的操作方法。断路器操作应有闭锁功能,操作闭锁应包括以下内容:

（1）断路器操作时,应闭锁自动重合闸功能。

（2）当地操作和远动操作要互相闭锁,保证只有一种操作方式,以免互相干扰。

（3）根据实时信息,自动实现断路器与隔离开关间的闭锁操作功能。

（4）无论当地操作或远动操作,都应有防误操作的闭锁措施,即要收到返校信号后,才执行下一项;必须有对象校核、操作性质校核和命令执行三步,以保证操作的正确性。

5. 安全监视

监控系统在运行过程中,对采集的电流、电压、频率、主变压器油温等量,要不断进行越限监视,如发现越限,立刻发出告警信号,同时记录和显示越限时间和越限值,另外,还要监视保护装置是否失电,自控装置工作是否正常等,确保监控装置正常运行。

6. 人机联系

变电所采用微机监控系统后,可以通过 CRT 显示器、鼠标和键盘观察全站的运行状况和运行参数,亦可对全站的断路器和隔离开关等进行分、合操作,彻底改变传统的依靠指针式仪表进行测量,以及依靠模拟屏或操作屏进行操作的控制方式。

特别要强调指出的是：对无人值班变电所也必须设置必要的人机联系功能，以便当巡视或检修人员到现场时，能通过液晶显示器、七段显示器、CRT 显示器或便携机观察站内各设备的运行状况和运行参数，对断路器等开关设备控制应具有人工当地紧急操作的功能设施。

7. 打印

对于有人值班的变电所，监控系统可以配备打印机，完成必要的打印记录功能；对于无人值班变电所，可不设当地打印功能，各变电所的运行报表集中在调度中心打印输出。

8. 数据处理与记录

监控系统除了完成上述功能外，数据处理和记录也是很重要的环节。历史数据的形成和存储是数据处理的主要内容。此外，为满足继电保护专业和变电所管理的需要，必须进行一些数据统计，其内容包括：

（1）主变和输电线路有功和无功功率每天的最大值和最小值以及相应的时间；

（2）母线电压每天定时记录的最高值和最低值以及相应的时间；

（3）计算配电电能平衡率；

（4）统计断路器动作次数；

（5）断路器切除故障电流和跳闸次数的累计数；

（6）控制操作和修改定值记录。

9. 谐波分析与监视

电力系统中的谐波含量是电能质量的重要指标。随着非线性器件和设备的广泛应用，电气化铁路的发展和家用电器的不断增加，电力系统的谐波含量显著增加，并且有越来越严重的趋势。目前，谐波"污染"成为电力系统的公害之一。因此，在变电所自动化系统中，要重视对谐波含量的分析和监视，对谐波污染严重的变电所应采取适当的抑制措施。

二、微机保护子系统的功能

微机保护是综合自动化系统的关键环节，可以说综合自动化系统是从微机保护的研究开始的。微机保护既可以用于综合自动化系统中，也可以单独代替传统保护用于传统变电所技术中。

三、电压、无功综合控制子系统的功能

电压水平和功率因数是两个重要电气参数。当变电所一次系统的这两项指标不符合标准时，电压、无功综合控制子系统启动，自动控制变压器和无功补偿装置分接头的控制开关，使电压水平和功率因数恢复到要求值。所以，电压、无功综合控制也是变电所综合自动化系统的一个重要组成部分。

电力系统的频率是电能质量重要的指标之一。电力系统正常运行时，必须维持频率在（50±0.2）Hz 的范围内。系统频率偏移过大时，发电设备和用电设备都会受到不良的影响。在系统发生故障，有功功率严重缺额，需要切除部分负荷时，应尽可能做到有次序、有计划地切除负荷，并保证所切负荷的数量必须合适，以尽量减少切除负荷后所造成的经济损失。这是低频减载装置的任务。

四、备用电源自投控制功能

备用电源自投装置（Auto Put-into Device，APD）是因电力系统故障或其他原因使工作电

源被断开后,能迅速将备用电源、备用设备或其他正常工作的电源自动投入工作,使失去工作电源的用户能迅速恢复供电的一种自动控制装置。

在传统的变电所中,APD 装置是由继电器和断路器辅助接点设计完成的,而变电所综合自动化系统的 APD 装置的作用和传统的变电所中的基本是一样的。

五、变电所综合自动化系统的通信功能

变电所综合自动化系统通信网络的任务体现在两个方面,一方面,各个单一功能的子系统（或称单元模块）间应具有很强的通信功能;另一方面,先进的自动化系统应能替代远程终端（RTU）的全部功能,与调度中心具有很强的通信功能。因此,综合自动化系统的通信功能包括系统内部的现场级间的通信和自动化系统与上级调度的通信两部分。

在综合自动化系统中,由于综合、协调工作的需要,网络技术、通信协议标准、分布式技术、数据共享等问题,其通信网络的构成必然成为研究综合自动化系统的关键问题。

第三节　变电所综合自动化系统的结构形式和配置

变电所综合自动化系统的发展过程与集成电路技术、微计算机技术、通信技术和网络技术密切相关。随着这些技术的不断发展,综合自动化系统的体系结构也不断发生变化,其性能和功能以及可靠性等也不断提高。从国内外变电所综合自动化系统的发展过程来看,其结构形式有集中式和分布式。如图 3-2 所示为变电所综合自动化系统的示意图。

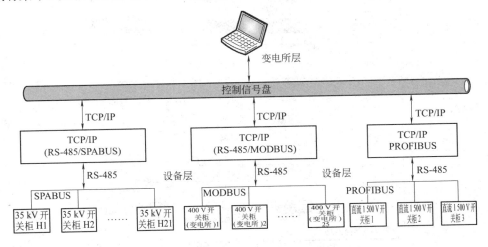

图 3-2　变电所综合自动化系统示意图

1. 设备层（0 层）

设备层主要指变电所的变压器和断路器、隔离开关、电流、电压互感器等一次设备。

2. 间隔层（1 层）

变电所综合自动化系统主要位于间隔层（1 层）和变电所层（2 层）,和传统变电所的二次设备相同,间隔层一般按断路器间隔划分,具有测量、控制部件和继电保护部件,各间隔之间通过现场总线或局域网联系。

3. 变电所层（2 层）

变电所层除完成全所性的监控任务外,并通过监控机和上层管理（如调度中心）进行通

信。变电所层设局域网(如以太网)供各主机之间和监控主机与间隔层之间交换信息。

变电所层的监控机或称上位机,通过局部网络与保护管理机和数据控制机通信。监控机的作用,在无人值班的变电所,主要负责与调度中心的通信,使变电所综合自动化系统具有RTU的功能,完成五遥的任务;在有人值班的变电所,除了仍然负责与调度中心通信外,还负责人机联系,使综合自动化系统通过监控机完成当地显示、制表打印、开关操作等功能。

一、分层(级)分布式系统集中组屏的结构形式

这种结构的综合自动化系统,可以简单地解释为传统的二次设备功能采用单片机(主要由CPU及其外围设备构成)完成,变电所的一次设备保持了原貌,变电所的结构形式和传统的变电所相比几乎没有改变。

(一)分层(级)分布式系统集中组屏的结构形式

分层分布式系统集中组屏的结构,是把整套综合自动化系统按其不同的功能将间隔层按对象划分组装成多个屏(或称柜),例如:主变压器保护屏(柜)、线路保护屏、数采屏、出口屏等。一般来说,这些屏都集中安装在主控室中,这种结构形式简称为"分布集中式结构",如图3-3所示为集中配屏布置示意图。在多数传统变电所的改造初期,只是采用微机保护装置代替电磁型或晶体管保护装置,其自动化功能非常有限。随着综合自动化技术的发展,对各间隔采用微机技术构成保护、测量、监控等功能,这些独立的间隔装置直接通过局域网络或串行总线相互联系,同时也和变电所层联系,从而实现在线监控功能。

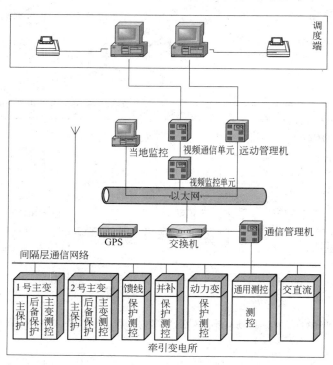

图3-3　变电所分层分布式集中配屏布置示意图

保护用的微机大多数采用16位或32位单片机,保护单元是按对象划分的,即一条馈出线路或一组电容器各用一台单片机,再把各保护单元和数采单元分别安装于各保护屏和数据采集屏上,由监控主机集中对各屏(柜)进行管理,然后通过调制解调器与调度中心联系。

这种自动化系统可应用于有人值班或无人值班变电所,对无人值班变电所提供了可靠性的有利条件。

（二）分层分布式系统集中组屏结构的特点

1. 分层（级）分布式的配置

为了提高综合自动化系统整体的可靠性,如图3-3所示的系统采用按功能划分的分布式多CPU系统,其功能单元有:各种高、低压线路保护单元;电容器保护单元;主变压器保护单元;备用电源自投控制单元;低频减载控制单元;电压、无功综合控制单元;数据采集与处理单元;电能计量单元等。每个功能单元基本上由一个CPU组成,多数采用单片机,也有一个功能单元由多个CPU完成的,例如主变压器保护,有主保护和多种后备保护,因此往往由2个或2个以上CPU完成不同的保护功能,这种按功能设计的分散模块化结构具有软件相对简单、调试维护方便、组态灵活、系统整体可靠性高等特点。

2. 继电保护相对独立

继电保护装置是电力系统中对可靠性要求非常严格的设备,在综合自动化系统中,继电保护单元宜相对独立,其功能不依赖于通信网络或其他设备。各保护单元要有独立的电源,保护的输入应仍由电流互感器和电压互感器通过电缆连接,输出跳闸命令也要通过常规的控制电缆送至断路器的跳闸线圈,保护的启动、测量和逻辑功能独立实现,不依赖通信网络交换信息。保护装置通过通信网络与保护管理机传输的只是保护动作信息或记录数据。为了无人值班的需要,也可通过通信接口实现远方读取和修改保护整定值。

3. 具有与系统控制中心通信功能

综合自动化系统本身已具有对模拟量、开关量、电能脉冲量进行数据采集和数据处理的功能,也具有收集继电保护动作信息、事件顺序记录等功能,因此不必另设独立的RTU装置,不必为调度中心单独采集信息,而将综合自动化系统采集的信息直接传送给调度中心,同时也接受调度中心下达的控制、操作命令和在线修改保护定值命令。并进一步发展从全电力系统的范围更好地考虑电流、电压和稳定控制问题,虽然目前还不可能做到这一点,但是变电所综合自动化系统为实现以上功能提供了技术上的支持,可能今后会给电力系统带来很大效益,这是变电所综合自动化监控机的发展方向。

4. 模块化结构,可靠性高

由于各功能模块都由独立的电源供电,输入/输出回路都相互独立,任何一个模块故障,只影响局部功能,不影响全局,而且由于各功能模块基本上是面向对象设计的,因而软件结构相对集中式的简单,因此调试方便,也便于扩充。

5. 室内工作环境好,管理维护方便

分级分布式系统采用集中组屏结构,全部屏（柜）安放在室内,工作环境较好,电磁干扰与开关柜相比较弱,而且管理和维护方便。

对于35~10 kV中、低压变电所,一次设备都比较集中,有不少是组合式设备,分布面不广,所用控制电缆不太长,因此采用集中组屏虽然比分散式安装增加电缆,但其优点是集中组屏,便于设计、安装、调试和管理,可靠性也比较高,尤其适合于旧所改造。

集中组屏结构形式的主要缺点是安装时需要的控制电缆相对较多,增加了电缆及其辅助投资。多数传统变电所改造成综合自动化结构时,因为无需一次设备的再投资,相比之下,采用分层（级）分布式系统集中组屏的结构形式比较经济,所以在旧所改造时是首选方案。在铁道电气化的供电系统中,20世纪90年代,开始使用微机保护装置（如京广线采用的WXB-61A型馈线保护装置)和微机远程控制系统,采用的就是分层(级)分布式系统集中组屏的结构形式,因为系统还不能完成综合自动化的整体功能,那只能是综合自动化的雏形。

二、分布分散式与集中相结合的结构形式

(一)分布分散式与集中相结合的结构形式

由于分布集中式的结构,虽具备分级分布式、模块化结构的优点,但因为采用集中组屏结构,因此需要较多的电缆。随着单片机技术和通信技术的发展,特别是现场总线和局部网络技术的应用,以及变电所综合自动化技术的不断提高,有条件考虑全微机化的变电所二次系统的优化设计问题。一种发展的趋势是按每个电网元件(例如:一条馈出线或一台变压器或一组电容器等)为对象,集测量、保护、控制为一体,设计在同一机箱中。对于6~35 kV 的配电线路,可以将这个一体化的保护、测量、控制单元分散安装在各个开关柜中,然后由监控主机通过光纤或电缆网络,对它们进行管理和交换信息,这就是分散式的结构。至于高压线路保护装置和变压器保护装置,仍可采用集中组屏安装在控制室内。实际上,各国的习惯不同,西欧国家习惯于将保护装置安装在控制楼中,理由是环境好,检修方便。这种将配电线路的保护和测控单元分散安装在开关柜内,而高压线路保护和主变压器保护装置等采用集中组屏的系统结构,称为分布和集中相结合的结构,其结构形式如图3-4 所示,这是当前综合自动化系统的主要结构形式。

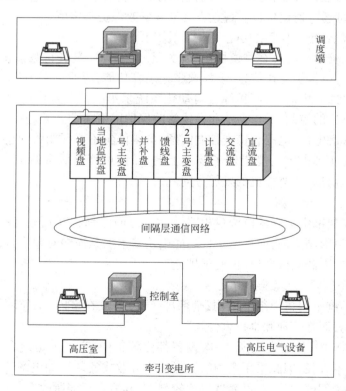

图 3-4　变电所分布分散式与集中相结合布置示意图

(二)分布分散式与集中相结合的结构特点及优越性

如图 3-4 所示的系统结构有如下特点:

(1)10~35 kV 馈线保护采用分散式结构,在开关柜中就地安装二次设备,通过现场总线

与主控室的保护管理机交换信息,可以节约控制电缆。

(2)高压线路、变压器和电容器保护采用集中组屏结构,保护屏安装在控制室或保护室中,这样通过现场总线与保护管理机通信,使这些重要的保护装置处于比较好的工作环境中,可以提高供电的可靠性。

(3)其他自动装置中,备用电源自投控制装置和电压、无功综合控制装置采用集中组屏结构,安装于控制室或保护室中。

(4)电能计量采用集中组屏结构,安装于控制室或保护室中。

三、全分散式结构形式

(一)全分散式结构形式

全分散式结构将每个电网元件(包括高压、低压线路,变压器,电容器)的测量、保护、控制设计成和高压设备在同一机箱中,并分散安装在各个开关柜中,然后由监控主机通过光纤或电缆网络,对它们进行管理和交换信息,这就是全分散式的结构。其结构形式如图 3-5 所示。主控室中只有监控用的微机和直流操作电源及网络信号集中转换的柜子,主控室结构简单,设备环境好,检修更方便。

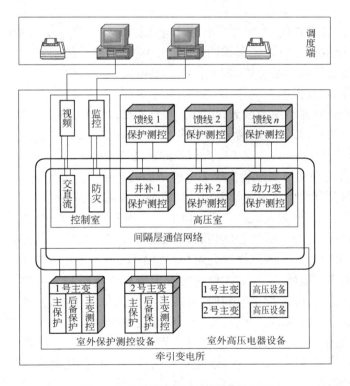

图 3-5　变电所全分散式布置示意图

全分散式结构能更大程度地减少施工和设备安装工程量,减少电缆的数量,便于现场施工、安装和调试,是今后的发展方向。

(二)全分散式结构优越性

分层分散式结构的变电所综合自动化系统具有突出的优点,可概括如下:

(1)简化了变电所二次部分的配置,大大缩小了控制室的面积。由于配电线路的保护和测控单元分散安装在各开关柜内,因此主控室内减少了保护屏的数量,加上采用综合自动化系统后,原先常规的控制屏、中央信号屏和所内模拟屏可以取消,因此使主控室面积大大缩小,也有利于实现无人值班。

(2)减少了施工和设备安装工程量。由于安装在开关柜的保护和测控单元在开关柜出厂前已由厂家安装和调试完毕,再加上敷设电缆的数量大大减少,因此现场施工、安装和调试的工期随之缩短。

(3)简化了变电所二次设备之间的互连线,节省了大量连接电缆。

(4)分层分散式结构可靠性高,组态灵活,检修方便。分层分散式结构,由于分散在高压设备附近安装,减小了电流互感器的负担。各模块与监控主机间通过局域网络或现场总线连接,抗干扰能力强,可靠性高。

变电所分层分散式的结构可以降低总投资,是变电所综合自动化系统的主流发展方向。

第四节　变电所综合自动化技术的发展方向

一、综合自动化技术推动变电所无人值班制度的实施

1. 变电所无人值班制度

早在 20 世纪四五十年代,上海、广州、天津等大城市,对一些 35kV(10kV)变电所,实行无人值班制度,变电所的门平时是锁起来的,一旦出现故障,保护跳闸切断用户电源,用户会用电话或其他方式要求供电局去检修,恢复供电。供电局在确认停电事故后,便派出检修人员去查找并修复故障,恢复供电。

变电所无人值班制度沿用到今天,得到了大力发展,是因为变电所实行无人值班有明显的经济效益和社会效益,特别是提高了运行的可靠性,减少人为事故,保障系统安全,提高了劳动生产率,降低了建设成本,推动了电力行业的科技进步。

2. 变电所综合自动化与变电所实现无人值班制的关系

因为变电所综合自动化技术大量采用计算机网络技术,人们往往联想到新型变电所可以按无人值班的模式运营,但无人值班和有人值班是两种不同的管理模式,它与变电所一、二次系统技术水平的发展,与变电所是否实现自动化没有直接关系。一、二次设备可靠性的提高和采用先进技术,可以为无人值班提供更为有利的条件,但不是必备的条件。

早期的无人值班变电所的一、二次设备与有人值班变电所完全一样,没有任何信息送往调度室。其一、二次设备的运行工况如何,只能由检修人员到现场后,才能知道,因此这类无人值班只适合于重要性不高的变电所。到了 20 世纪 60 年代,由于远动技术的发展,在变电所开始应用遥测、遥信技术,从而进入了远方监视的无人值班阶段,在调度中心,调度人员可以了解到下面无人值班所的运行工况,这是最早的变电所自动化技术。但是,这个阶段的遥测、遥信功能还是很有限的,例如遥信只传送事故总信号和一些开关位置信号。调度值班员通过事故总信号知道变电所发生故障,可及早派人到变电所或线路寻找故障和进行检修,这对及早恢复供电无疑是很有好处的,但是调度无法对开关进行远距离操作。

20 世纪 80 年代中后期以后,随着微处理器和通信技术的发展,利用微型机构成的远动系统的功能和性能有很大提高,具有遥测、遥信和遥控功能,有的还有遥调功能,这使无人值班技术又上了一个台阶。经过几十年的努力,电网装备技术和运行管理水平及人员素质都有了很大提高,一次设备可靠性提高,遥控技术逐步走向成熟。特别是"八五"期间,全国电网调度

自动化振兴纲要的实施,电网调度自动化实用化工作的开展取得了很好的经验,为全国特别是中心城市实行无人值班工作制度奠定了扎实的基础。因此,1995 年国家电力调度通信中心要求现有 35 kV 和 110 kV 变电所,在条件具备时逐步实现无人值班,新建变电所可根据调度和管理需要以及规划要求,按无人值班设计。

可见,变电所综合自动化技术对无人值班制起着重要的推动作用。变电所实行无人值班制是综合自动化技术发展的必然结果,新型牵引变电所正在按这个方向进行设计和建设。

二、综合自动化技术发展方向

1. 系统结构的转变

变电所综合自动化系统的结构将从集中控制、功能分散逐步向分散型网络发展。传统的系统结构是按功能分散考虑的。发展趋势将从一个功能模块管理多个电气单元或间隔单元向一个模块管理一个电气单元或间隔单元、地理位置高度分散的方向发展。这样,自动化系统故障时对电网可能造成的影响大大地减小了,自动化设备的独立性、适应性更强。

2. 智能电子装置的发展

智能电子装置(Integrated Electronics Device,IED)实际上就是一台具有微处理器、输入输出部件,并能满足各种不同的工业应用环境的嵌入式装置,它的软件则因应用场合的不同而不同。其实,变电所综合自动化系统中的测控装置、继电保护装置、RTU 都可以理解为是一种智能电子装置。现在计算机的发展使设备的功能仅由软件决定,硬件因 I/O 所要求的数量而异,开发通用标准型的灵活的硬件和软件平台是一种趋势,这样就能适用于所有保护和控制,使系统具有开放性和数据一致性的特点,为变电所综合自动化系统向分散型发展提供有利条件。

3. 光电互感器的应用

光电互感器采用光纤传送信号,无铁芯(不存在磁饱和和铁磁谐振问题)、频率响应范围宽、容量大、抗电磁干扰能力强,所以测量单元与微机保护单元互感器可共用,简化了二次设备,这样可以将测量单元与保护单元融合在一起,实现一个模块管理一个电气单元或间隔单元,为变电所综合自动化系统结构实现分散式提供了技术支持。

4. 监控系统的发展

监控系统的发展主要表现在两方面,即变电所遥视系统的逐步应用和人工智能在故障诊断应用方面的不断完善。遥视系统是将变电所内采用摄像机拍摄的视频图像远距离传输到调度中心或集控站(主站),使运行、管理人员可以借助此对变电所电气设备运行环境进行监控,以保证无人值班变电所的安全运行。遥视系统的视频图像监视在本质上还属于图像获取系统,将计算机视觉技术运用到图像信息分析与理解中,可以实现变电所系统图像信息的智能处理。计算机视觉技术在变电所领域已成功应用的例子,有指针式仪表表示值的自动检定、移动物的自动识别报警和跟踪运行人员的操作过程。随着计算机视觉相关技术的不断发展应用,在变电所领域显示出了良好的应用前景。

5. 人工智能技术的发展应用

近年来,随着人工智能技术的发展,诊断自动化、智能化的要求逐渐变为现实,其中基于知识的专家系统目前在诊断中已有成功的应用。模糊理论通常和专家系统结合,作为前处理和后处理。神经网络技术由于它强大的并行计算能力和自学习功能及联想能力,很适合作故障分类和模式识别,近年来,已成为本领域的研究热点,发展迅速。综合几种智能技术的优缺点来看,人工智能技术在故障诊断领域的发展方向主要有:神经网络与各种诊断理论的结合、神经网络与信号处理的融合、神经网络结构的改进、基于知识的专家系统与神经网络诊断系统的综合及智能诊断系统的微型化和"傻瓜"化。

6. 通信方式的发展

(1)工业以太网的发展应用

与现场总线相比,工业以太网是统一的总线网络技术,存在通用优势,而且具有价格低、速度快、易于组网等优点。工业以太网有两种模型:一种是混合模型(以太网和其他总线相连);另一种是所谓的"透明工厂"型,即从高层到底层都采用统一的工业以太网的通信协议。混合型工业以太网的技术已经十分成熟,"透明工厂"型工业以太网是工业控制领域的研究热点,目前国内外已经提出了多种解决方案,每种方案也都有许多学者在研究,在不断地发展、完善中,相信未来的一段时期,工业以太网会给变电所自动化系统带来新的活力。

(2)蓝牙技术的发展应用

蓝牙技术是一种无线数据与语音通信开放性全球规范技术,它是一种以低成本的近距离无线连接为基础,为固定与移动设备通信环境建立一个特别连接的短程无线电技术,解决了以太网用于变电所自动化布线难的问题。该技术具有小功率、微型化、低成本以及与网络时代相适应的特点。蓝牙技术是一项发展中的技术,其应用正处于起步阶段,但蓝牙技术标准统一、知识产权共享的优势是非常明显的,其未来的发展不可限量。可以预见,变电所内许多设备间采用无线方式通信在不久的将来就可以实现。

复习思考题

1. 简述变电所综合自动化的特点及优越性。
2. 简述变配电所综合自动化的基本功能。
3. 简述变电所综合自动化与变电所实现无人值班制的关系。
4. 简述变电所综合自动化系统的分布集中式结构特点。
5. 简述变电所综合自动化系统的分散与集中相结合形式的结构特点。
6. 简述变电所综合自动化系统的全分散式结构特点。

第四章
变电所综合自动化系统硬件原理

【预备知识】

在牵引变电所综合自动化系统中,微机保护子系统、监控子系统及变电所综合自动化系统通信网络等都是由若干模块组成的。它们的硬件结构大同小异,不同的是软件及硬件模块化的组合与数量不同,不同的功能用不同的软件来实现,不同的使用场合按不同的模块化组合方式构成。变电所综合自动化中各子系统(如微机保护子系统)的典型硬件结构主要包括模拟量输入/输出回路、微型机系统、开关量输入/输出回路、数字量输入/输出回路、人机对话回路、通信回路和电源等,如图4-1所示。

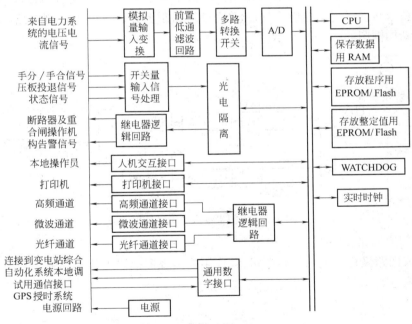

图4-1 变电所综合自动化典型硬件结构

【推荐学习环境】

1. 变电所综合自动化实训室;

2. 真实变电所;

3. 单片机实训室。

【知识学习目标】

通过本课程的学习,您将可以掌握以下知识:

1. 变电所模拟量输入及输出原理;

2. 变电所开关量输入及输出通道原理;

3. 变电所数字量的输入及输出控制原理。

【能力训练目标】

通过实训项目的训练,您将可以具备以下能力:

应用 AT89S51 对模拟量进行采集、比较,控制继电器动作。

第一节　变电所模拟量输入输出原理

一、模拟量输入通道

牵引变电所的电流、电压、有功功率、无功功率、温度等都是连续变化的量,都属于模拟量。而计算机只能识别数字量,故模拟信号必须通过模拟量输入通道,转换成相应的数字信号才能输入到计算机中进行处理。

模拟量输入通道又称为数据采集系统,模拟量输入电路的主要作用是隔离、规范输入电压及完成模/数变换,以使与 CPU 接口,完成数据采集任务,实现对牵引变电所设备及运行状态的监视、测量和保护等功能。

模拟量输入通道主要包括电压形成、模拟低通滤波(Analog Low Filter,ALF)、采样保持(Sample-Hold,S/H)、多路转换开关(Multiplexer,MPX)、模数(Analog to Digital,A/D)转换等功能模块。整个转换过程是在应用软件(程序)的控制下并通过外围控制电路实现的。模拟量输入通道结构框图如图 4-2 所示。

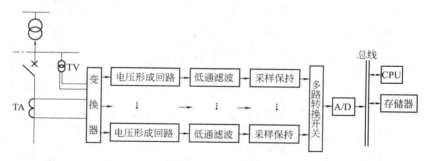

图 4-2　模拟量输入通道结构框图

1. 电压形成回路

电压形成回路又称为隔离转换电路,其作用是实现模拟输入信号的隔离与电平转换。隔离与电平转换电路如图 4-3 所示。

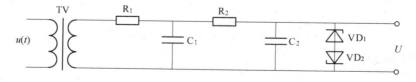

图 4-3　电压互感器隔离与电平转换电路

综合自动化装置要从电压互感器(TV)、电流互感器(TA)或其他变换器二次侧上取得信息,就要求互感器或变换器输出的量及二次数值范围与装置电路相适应,否则信号会产生严重的失真。一般是采用中间变换器将由一次设备电压互感器二次侧引来的电压进一步降低,将一次设备电流互感器二次侧引来的电流变成交流电压。再经低通滤波器及双向限幅电路将经中间变换器降低或转换后的电压变成后面环节中 A/D 转换芯片所允许的电压范围。图

4-3 中 RC 电路组成低通滤波器,VD$_1$、VD$_2$ 两个稳压管组成双向限幅电路。具体原理是对电压互感器输出的较高电压(0~100V)进行降低变换,经变换后的电压范围取决于所用的 A/D 转换器的电压等级。

电压形成回路除了起到电量变换的作用外,另一个重要作用是将 TA、TV 的二次回路与 A/D 及微机系统完全隔离,提高抗干扰能力。

2. 模拟低通滤波

模拟量低通滤波电路的作用是阻止(滤除)频率高于某一数值的信号(高频分量或高次谐波)进入采样环节,即给输入信号频率一定的带限(即通带),以满足采样的要求并减少谐波分量对某些算法的影响。

模拟滤波器通常有两类,一类是由 R、C 等器件构成的无源滤波器,另一类是由集成运算放大器和 R、C 等器件构成的有源滤波器。模拟低通滤波器的通带为 0 ~ ω_0,ω_0 为截止角频率,改变 R、C 参数即可改变 ω_0 值。

3. 采样保持电路

(1)采样

在微机保护、监控子系统中,由于微型机的存储器存储容量有限,运算速度也是有限的,因此不能对连续信号的每一时刻值进行数字计算,而需要选取(按一定要求)连续信号一个周期内的若干时刻的值来表达,这种方法称为对连续信号的离散化处理,或称采样处理。将一个时间上连续变化的模拟量转换成时间上离散的模拟量称为采样。

模拟信号的采样,是指对连续信号按固定的时间间隔取值而得到离散信号序列,即在给定的时刻对连续信号进行测量,转变为发生在采样开关闭合瞬时 $0,T,2T,\cdots,nT$ 的一连串脉冲输出信号 $f^*(t)$,如图 4-4 所示。

$$f^*(t) = \sum_{k=0}^{\infty} f(kT)\delta(t-kT) \tag{4-1}$$

式中　$f^*(t)$——输出脉冲序列;

　　　$f(kT)$——输出脉冲数值序列;

　$\delta(t-kT)$——发生在 $t=kT$ 时刻上的单位脉冲。

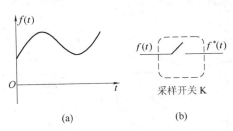

图 4-4　采样过程

那么采样信号 $f^*(t)$ 要取多少才能如实反应 $f(t)$ 呢? 合理的取样频率由采样定理确定。采样定理:设取样脉冲 $S(t)$ 的频率为 f_s,输入模拟信号 $X(t)$ 的最高频率分量的频率为 f_{max},则 f_s 与 f_{max} 必须满足如下关系:

$$f_S \geq 2f_{max} \tag{4-2}$$

即采样频率大于或等于输入模拟信号 $X(t)$ 的最高频率分量 f_{max} 的 2 倍时,输出信号 $Y(t)$ 才可以正确地反应输入信号。通常取 $f_s = (2.5 \sim 3)f_{max}$。例如:对于 50 Hz 的正弦交流电流、电压来说,理论上只要每个周波采样两点就可以表示其波形特点了。但为了能够更好地反映波形,保证计算的准确度,则要有更高的采样频率,一般取每个周波 12 点、16 点、20 点或 24 点。若工频每个周期采样点数为 12 次,则采样周期是 $T=20/12=5/3(\text{ms})$,则采样频率$=50\times12=600(\text{Hz})$。

（2）采样方式

根据采集信号的不同,可分直流采样和交流采样两种。直流采样,顾名思义,采样对象为直流信号。它是把交流电压、电流信号经过各种变送器转化为 0~5 V 的直流电压,再由各种装置采集。此方法软件设计简单,对采样值只需作一次比例变换即可得到被测量的数值。但直流采样有着很大的局限性:无法实现实时信号的采集;变送器的精度和稳定性对测量精度有很大影响;设备复杂,维护难等。交流采样是将二次测得的电压、电流经高精度的 A/D 转换变成二进制数字量,然后再送入计算机进行处理。这种方法能够对被测量的瞬时值进行采样,因而实时性好,相位失真小。它用软件代替硬件的功能又使硬件的投资大大减小。随着大规模集成电路技术的提高,A/D 转换器的转换速度和分辨率也不断提高,采用交流采样方法进行数据采集,通过单片机算法运算后获得的三相电压、电流、功率因素、无功功率、频率等电力参数有着较好的精确度和稳定性,因此交流采样是一种发展趋势。

（3）采样保持器

把在采样时刻上得到的模拟量的瞬时幅度(量化值)完整地记录下来,并按需要准确地保持一段时间,称之为采样保持。采样保持的功能是由采样保持器实现的,即把采样功能和保持功能综合在一起的电路,称为采样保持器,其基本原理如图 4-5 所示。

采样/保持由存储电容 C,模拟开关 S 等组成,当 S 接通时,输出信号跟踪输入信号,称采样阶段,当 S 断开时,电容 C 二端一直保持断开的电压,称保持阶段,由此构成一个简单采样/保持器。实际上为使采样/保持器具有足够的精度,一般在输入级和输出级均采用缓冲器,以减少信号源的输出阻抗,增加负载的输入阻抗。在电容选择时,使其大小适宜,以保证其时间常数适中,并选用漏泄小的电容。

随着大规模集成电路技术的发展,目前已生产出多种集成采样/保持器,如可用于一般场合的 AD582、AD583、LF198 系列等;用于高速场合的有 HTS-0025,HTS-0010,HTC-0300 等;用于高分辨率场合的 SHA1144 等。下面以 LF398 为例,介绍集成采样/保持器的原理。如图4-6所示为一典型的采样保持器 LF398 的电路原理图。

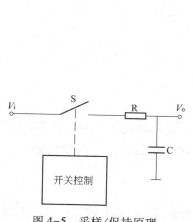

图 4-5 采样/保持原理

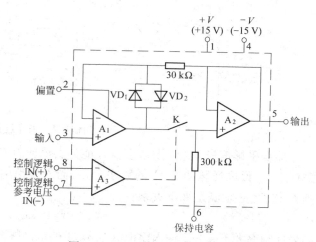

图 4-6 LF398 采样/保持器原理图

从图 4-6 可知,其内部由输入缓冲级、输出驱动级和控制电路三部分组成。控制电路中

A_3 主要起到比较器的作用；其中 7 脚为参考电压，当输入控制逻辑电平高于参考端电压时，A_3 输出一个低电平信号驱动开关 K 闭合，此时输入经 A_1 后跟随输出到 A_2 再由 A_2 的输出端跟随输出，同时向保持电容（接 6 端）充电；而当控制端逻辑电平低于参考电压时，A_3 输出一个正电平信号使开关断开，以达到非采样时间内保持器仍保持原来输入的目的。因此，A_1、A_2 是跟随器，其作用主要是对保持电容输入和输出端进行阻抗变换，以提高采样/保持器的性能。

4. 多路转换开关

（1）作用

在实际的数据采集模块中，被测量或被控制量可能是几路或几十路，可以利用多路转换开关把多个通道中的某一路信号接通，即实现多路输入信号到一路信号输出的转换。

多路转换开关也可用于模拟量输出通道，实现一路输入到多路输出的转换。

（2）类型和特点

多路转换开关有两种类型：一类是机械式（触点式）的，如干簧继电器；另一类是电子式的，如由集成电路构成。前者较适合于小信号中速度的采样单元使用，后者更适合于高速采样单元。集成电路的多路转换开关具有多种类型，如 8 路选一、16 路选一等。下面以常用的 16 路多路转换开关芯片 AD7506 为例，说明多路转换开关的工作过程。AD7506 的内部结构如图 4-7 所示，其引脚的功能分述如下。

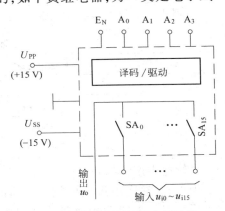

图 4-7　多路转换开关的内部结构

在图 4-7 中，多路转换开关由选择接通路数的二进制译码电路和由它控制的各路电子开关（$SA_0 \sim SA_{15}$）构成，并受 4 个路数选择线（亦称二进制通道地址线）$A_0 \sim A_3$ 的状态和控制端 E_N 的电平（高电平为 1，低电平为 0）共同控制。由于有四位路数选择线，故可实现对 $16（2^4）$ 个通道的选择，其选择的原理是：首先控制端 E_N 的电平置 1（或 0），多路转换开关工作，CPU 通过并行接口芯片或其他硬件电路给 $A_0 \sim A_3$ 赋以不同的二进制码，选通 $S_0 \sim S_{15}$ 中相应的一路电子开关闭合，将此路输入接通到输出端。$u_{i0} \sim u_{i15}$ 为输入信号，共 16 路，u_o 为输出信号。

5. 模数转换器

模数（A/D）转换是将模拟信号转换为相应的数字信号，把模拟信号转换为数字信号称为模-数转换，简称 A/D 转换。实现 A/D 转换的电路称为 A/D 转换器，或写为 ADC（Analog-Digital Converter）。

目前 A/D 转换器的种类虽然很多，但从转换过程来看，可以归结成两大类，一类是直接 A/D 转换器，另一类是间接 A/D 转换器。在直接 A/D 转换器中，输入模拟信号不需要中间变量就直接被转换成相应的数字信号输出，如计数型 A/D 转换器、逐次逼近型 A/D 转换器和并联比较型 A/D 转换器等，其特点是工作速度高，转换精度容易保证，调准也比较方便。而在间接 A/D 转换器中，输入模拟信号先被转换成某种中间变量（如时间、频率等），然后再将中间变量转换为最后的数字量，如单次积分型 A/D 转换器、双积分型 A/D 转换器等，其特点是工作速度较低，但转换精度可以做得较高，且抗干扰性能强，一般在测试仪表中用得较多。A/D 转换器的分类归纳如图 4-8 所示。

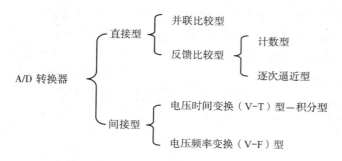

图4-8 A/D转换器的分类

下面将以最常用的两种A/D转换器（逐次逼近型、电压频率变换型）为例,介绍A/D转换器的基本工作原理。

（1）逐次逼近型A/D转换器

逐次逼近型模数转换器目前用得较多,下面举例说明什么是逐次逼近。

用4个分别重8 g、4 g、2 g、1 g的砝码去称重10.8 g的物体,称量过程见表4-1。

表4-1 逐次逼近称物一例

顺　　序	砝码重量	比较判别	该砝码是否保留
1	8 g	8 g<10.8 g	保留（1）
2	8 g+4 g	12 g>10.8 g	不保留（0）
3	8 g+2 g	10 g<10.8 g	保留（1）
4	8 g+2 g+1 g	11 g>10.8 g	不保留（0）

依此类推,得到的物体重量用二进制数表示为1010。最小砝码就是称量的精度,在上例中为1 g。逐次逼近型模数转换器的工作过程与上述称物过程十分相似,逐次逼近型模数转换器一般由顺序脉冲发生器、逐次逼近寄存器、模数转换器和电压比较器等几部分组成,其原理框图如图4-9所示。

图4-9 逐次逼近型模数转换器原理框图

转换开始,顺序脉冲发生器输出的顺序脉冲首先将寄存器的最高位置"1",经数模转换器转换为相应的模拟电压 U_A 送入比较器与待转换的输入电压 U_i 进行比较,若 $U_A>U_i$,说明数字量过大,将最高位的"1"除去,而将次高位置"1"。若 $U_A<U_i$,说明数字量还不够大,将最高位的"1"保留,并将次高位置"1",这样逐次比较下去,一直到最低位为止。寄存器的逻辑状态就是对应于输入电压 U_i 的输出数字量。

（2）电压频率变换（V-F）型

VFC（电压—频率变换式）方式的模/数转换是首先将模拟电压信号转换成与之成正比的频率信号,然后在一个固定的时间间隔里对得到的频率信号计数,所得到的计数结果就是正比于输入模拟电压的数字量。设有一计数器,计数脉冲的频率为 f,计数时间为 Δt,则在 Δt 时间内进入计数器的脉冲数目 $N=f^*\Delta t$。若是保持频率 f 恒定,而用被转换模拟电压 u 去控制时间间隔 Δt,使 Δt 正比于 u,而在 Δt 时间内对计数脉冲进行计数,则通过计数器的脉冲数目

与电压 u 成正比。采用此种方法进行电压数字转换的 A/D 转换器称为电压-时间变换型 A/D,简称为 V-T 型 A/D 转换器。若是保持时间间隔 Δt 恒定,而用被转换电压 u 去控制计数脉冲的频率,使频率正比于 u,而在 Δt 间隔内对计数脉冲进行计数,则通过计数器的脉冲

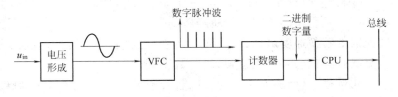

图 4-10　VFC 式数字采集系统原理框图

数目与电压 u 成正比。采用此种方法进行电压数字转换的 A/D 转换器称为电压-频率变换型 A/D,简称为 V-F 型 A/D 转换器。如图 4-10 所示为 VFC(电压—频率变换式)数字采集系统原理框图。

VFC 式芯片是该系统的核心,其作用是把输入的模拟信号 u_i 转换成重复频率正比于输入电压瞬时值的一串等幅脉冲,由计数器记录在一个采样间隔内的脉冲个数,并根据比例关系算出输入电压 u_i 对应的数字量,从而完成模数转换。

由 VFC 芯片构成的数字采集系统主要用于转换速度要求快、精度高且采样模拟量较多的场合,它与采用 A/D 芯片构成的 A/D 转换方式相比,无需复杂的接口电路,成本也较低。

(3) A/D 转换器的性能指标

A/D 转换器的性能指标包括分辨率、转换精度、转换速度、量程等。

①A/D 转换器的分辨率指 A/D 转换器对输入模拟信号的分辨能力,即 A/D 转换器输出数字量的最低位变化一个数码时,对应的输入模拟量的变化量。常以输出二进制码的位数 n 来表示。分辨率 $= \dfrac{u_o}{2^n}$,式中,u_i 是输入的满量程模拟电压,n 为 A/D 转换器的位数。显然 A/D 转换器的位数越多,可以分辨的最小模拟电压的值就越小,也就是说 A/D 转换器的分辨率就越高。

例如,$n = 8$,$u_i = 5$ V,A/D 转换器的分辨率为 $\dfrac{5V}{2^8} = 19.53$ mV。

当 $n = 10$,$u_i = 5$ V,A/D 转换器的分辨率为 $\dfrac{5V}{2^{10}} = 4.88$ mV。

由此可知,同样输入情况下,10 位 ADC 的分辨率明显高于 8 位 ADC 的分辨率。实际工作中经常用 A/D 转换器的位数来表示 A/D 转换器的分辨率。和 D/A 转换器一样,A/D 转换器的分辨率也是一个设计参数,不是测试参数。

②转换精度,有绝对精度和相对精度两种表示方法。当 A/D 转换器位数固定以后,并不是所有的模拟电压都能用数字量精确表示(由于二进制位数有限,不可避免地要舍去比最低位更小的数),常用以数字量的最小有效位(LSB)的分数值来表示绝对精度,如 ±1LSB、±1/2LSB、±1/4LSB 等。若在整个转换范围内,把任一数字量所对应的模拟输入量的实际值与理论值之差,用模拟电压满量程的百分比表示,即为相对精度。例如,满量程为 10 V 的 12 位 A/D 芯片,若其绝对精度为 ±1/2LSB,则其最小有效位的量化单位 $\Delta E = 2.44$ mV($10 \times 10^3/2^{12}$),其绝对精度为 $1/2 \Delta E = 1.22$ mV,其相对精度为 $1.22/(10 \times 10^3) = 0.0122\%$。

值得注意的是,分辨率与精度是两个不同的概念,不要把两者相混淆。精度是指转换后所得结果对于实际值的准确度,而分辨率是指能对转换结果产生影响的最小输入量。即使分

辨率很高,也可能由于温度漂移、线性度等原因而使其精度不高。

③转换速度,是指完成一次 A/D 转换所需的时间。转换时间是从模拟信号输入开始,到输出端得到稳定的数字信号所经历的时间。转换时间越短,说明转换速度越高。并联型 A/D 转换器的转换速度最高,约为数十纳秒;逐次逼近型转换速度次之,约为数十微秒;双积分型 A/D 转换器的转换速度最慢,约为数十毫秒。

④量程,是指所能转换的模拟输入电压的范围,分单极性和双极性两种类型。例如,单极性量程为 $0\sim5$ V、$0\sim10$ V、$0\sim20$ V,双极性量程为 $-2.5\sim+2.5$ V、$-5\sim+5$ V、$-10\sim+10$ V。

二、模拟量输出通道

在综合自动化系统中,计算机的输出是以数字形式给出的,有的执行元件要求提供模拟的电流或电压,故需通过模拟量输出通道来完成。模拟量输出通道的作用是把计算机输出的数字量转换成模拟量输出,去驱动模拟调节、执行机构。

模拟量输出通道一般由接口电路、数据锁存器、数模(D/A)转换器、放大驱动电路等组成。模拟量输出通道组成框图如图 4-11 所示。模拟量输出主要由数模(D/A)转换器来完成,由于 D/A 转换器需要一定的转换时间,在转换期间,输入待转换的数字量应该保持不变,而微型机系统输出的数据在数据总线上稳定的时间很短,因此在微机系统与 D/A 转换器间必须用锁存器来保持数字量的稳定。经过 D/A 转换器得到的模拟信号,一般要经过低通滤波器,使其输出波形平滑,同时为了能驱动受控设备,可以采用功率放大器作为模拟量输出的驱动电路。

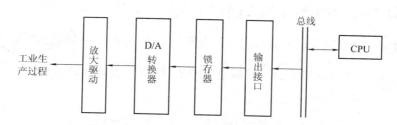

图 4-11 模拟量输出通道组成框图

1. D/A 转换器电路及原理

D/A 转换器,简称 DAC(Digital to Analog Conversion),是一种能把数字量转换成模拟量的电子器件。D/A 转换器的数模转换功能是采用"按权展开,然后相加"原理实现的,数字量是用代码按数位组合起来表示的,对于有权的代码,每位代码都有一定的权。为了将数字信号转换成模拟信号,必须将每一位的代码按其权的大小转换成相应的模拟信号,然后将这些模拟量相加,就可得到与相应的数字量成正比的总的模拟量,从而实现了从数字信号到模拟信号的转换。这就是组成 D/A 转换器的基本指导思想。

D/A 转换器由数据锁存器、数字位电子开关电路、解码网络、求和电路及基准电路等部分组成。数字量以串行或并行方式输入存于数据锁存器中,数字寄存器输出数码,分别控制对应位的模拟电子开关,使数码为 1 的位在位权网络上产生与之成正比的电流值,再由求和电路将各种权值相加,即得到数字量对应的模拟量。

n 位 D/A 转换器的方框图如图 4-12 所示。

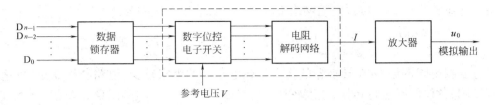

图 4-12　n 位 D/A 转换器方框图

目前常见的 D/A 转换器中,有权电阻网络 D/A 转换器、倒梯形电阻网络 D/A 转换器、权电流型 D/A 转换器、权电容型 D/A 转换器以及开关树型 D/A 转换器等几种类型,下面主要介绍常用的权电阻网络 D/A 转换器及倒梯形电阻网络 D/A 转换器转换原理。

2. 权电阻网络 D/A 转换器电路及转换原理

如果一个 n 位二进制数用 $D_n = d_{n-1}d_{n-2}\cdots d_1 d_o$ 表示,则从最高位到最低位的权依次为 $2^{n-1}, 2^{n-2}, \cdots, 2^1, 2^0$。图 4-13 是四位权电阻网络 D/A 转换器的原理图,它由权电阻网络、模拟开关、求和放大器三部分组成。权电阻网络中每个电阻的阻值与对应位的权成反比。

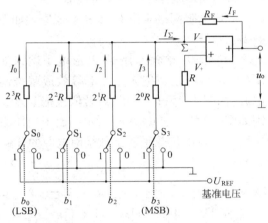

这是一个四位权电阻网络 D/A 转换器。它由权电阻网络电子模拟开关和放大器组成。该电阻网络的电阻值是按四位二进制数的位权大小来取值的,低位最高($2^3 R$),高位最低($2^0 R$),从低位到高位依次减半。S_0、S_1、S_2 和 S_3 为四个电子模拟开关,其状态分别受输入代码 b_0、b_1、b_2 和 b_3 四个数字信号控制。输入代码 b_i 为 1 时开关 S_i 连到 1 端,连接到基准电压 U_{REF} 上,此时有一支路电流 I_i 流向放大器的 Σ 节点。b_i 为 0 时开关 S_i 连到 0 端直接接地,节

图 4-13　权电阻网络 D/A 转换器的
基本原理图

点 Σ 处无电流流入。运算放大器为一反馈求和放大器,此处它近似看作是理想运放。因此可得到流入节点 Σ 的总电流为

$$I_\Sigma = (I_0 + I_1 + I_2 + I_3) = \sum I_i$$

$$= \left(\frac{1}{2^3 R} D_0 + \frac{1}{2^2 R} D_1 + \frac{1}{2^1 R} D_2 + \frac{1}{2^0 R} D_3 \right) U_{REF}$$

$$= \frac{U_{REF}}{2^3 R} (2^3 D_3 + 2^2 D_2 + 2^1 D_1 + 2^0 D_0) \tag{4-3}$$

可得结论:I_Σ 与输入的二进制数成正比,故而此网络可以实现从数字量到模拟量的转换。另一方面,对通过运放的输出电压:

$$u_o = -I \sum R_F \tag{4-4}$$

将式(4-3)代入,得

$$u_0 = -\frac{U_{REF}}{2^3 R} \cdot \frac{1}{2} R (2^3 D_3 + 2^2 D_2 + 2^1 D_1 + 2^0 D_0)$$

$$= -\frac{U_{REF}}{2^4 R} (2^3 D_3 + 2^2 D_2 + 2^1 D_1 + 2^0 D_0) \tag{4-5}$$

将上述结论推广到 n 位权电阻网络 D/A 转换器,输出电压的公式可写成:

$$u_0 = -\frac{U_{REF}}{2^n}(2^{n-1}D_{n-1} + 2^{n-2}D_{n-2} + \cdots + 2^1 D_1 + 2^0 D_0) \tag{4-6}$$

二进制权电阻网络 D/A 转换器的优点是该电路用的电阻较少,电路结构简单,可适用于各种有权码,各位同时进行转换,速度较快。它的缺点是各个电阻的阻值相差很大,尤其在输入信号的位数较多时,问题就更突出了。例如当输入信号增加到八位时,如果取权电阻网络中最小的电阻为 $R = 10 \text{ k}\Omega$,那么最大的电阻将达到 $2^7 R = 1.28 \text{ M}\Omega$,两者相差128倍。要想在极为宽广的阻值范围内保证每个电阻阻值依次相差一半并且保证一定的精度是十分困难的。这对于制作集成电路极其不利。为了克服这个缺点,通常采用 T 形或倒 T 形电阻网络 D/A 转换器。

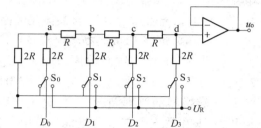

3. T 形电阻网络 D/A 转换器

T 形电阻网络 4 位 D/A 转换器原理如图 4-14 所示。

(1)当 D_0 单独作用时,T 形电阻网络如图4-15(a)所示。把 a 点左下等效成戴维南

图 4-14　T 形电阻网络 4 位 D/A 转换器的原理图

电源,如图 4-15(b)所示;然后依次把 b 点、c 点、d 点它们的左下电路等效成戴维南电源时分别如图4-15(c)、(d)、(e)所示。由于电压跟随器的输入电阻很大,远远大于 R,所以,D_0 单独作用时 d 点电位几乎就是戴维南电源的开路电压 $D_0 U_R/16$,此时转换器的输出

$$u_o(0) = D_0 U_R/16$$

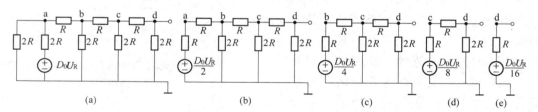

图 4-15　D_0 单独作用时 T 形电阻网络的戴维南等效电路

(2)当 D_1 单独作用时,T 形电阻网络如图 4-16(a)所示,其 d 点左下电路的戴维南等效电源如图 4-16(b)所示。同理,D_2 单独作用时 d 点左下电路的戴维南等效电源如图 4-16(c)所示;D_3 单独作用时 d 点左下电路的戴维南等效电源如图4-16(d)所示。故 D_1、D_2、D_3 单独作用时转换器的输出分别为

$$u_o(1) = D_1 U_R/8$$

$$u_o(2) = D_2 U_R/4$$

$$u_o(3) = D_3 U_R/2$$

利用叠加原理可得到转换器的总输出为

$$u_o = u_o(0) + u_o(1) + u_o(2) + u_o(3)$$

$$= \frac{D_0 U_R}{16} + \frac{D_1 U_R}{8} + \frac{D_2 U_R}{4} + \frac{D_3 U_R}{2}$$

$$= \frac{U_R}{2^4} \times (D_0 \times 2^0 + D_1 \times 2^1 + D_2 \times 2^2 + D_3 \times 2^3) \tag{4-7}$$

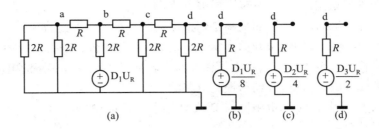

图 4-16 D_1, D_2, D_3 单独作用时 T 形电阻网络的戴维南等效电路

（3）结论

由此可见，输出模拟电压与输入的数字信号成正比，从而实现了 D/A 转换。当 $D_n = 0$ 时，$u_o = 0$，而当 $D_n = 11\cdots 11$ 时 $u_o = -\dfrac{2^{n-1}}{2^n}U_{REF}$，故 u_o 的最大变化范围是 $\left[0, -\dfrac{2^{n-1}}{2^n}U_{REF}\right]$。

推广到 n 位，D/A 转换器的输出为

$$U_o = \frac{U_R}{2^n}(D_0 \times 2^0 + D_1 \times 2^1 + \cdots + D_{n-1} \times 2^{n-1}) \tag{4-8}$$

T 形电阻网络由于只用了 R 和 $2R$ 两种阻值的电阻，其精度易于提高，也便于制造集成电路。但也存在以下缺点：在工作过程中，T 形网络相当于一根传输线，从电阻开始到运放输入端建立起稳定的电流电压为止需要一定的传输时间，当输入数字信号位数较多时，将会影响 D/A 转换器的工作速度。另外，电阻网络作为转换器参考电压 U_R 的负载电阻将会随二进制数 D 的不同有所波动，参考电压的稳定性可能因此受到影响。所以实际中，常用下面的倒 T 形 D/A 转换器，如图 4-17 所示。

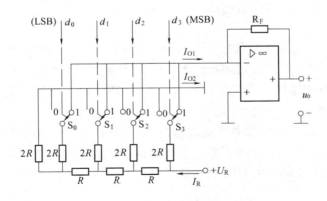

图 4-17 倒 T 形电阻网络 D/A 转换器

由图可见，当输入数字信号的任何一位是 1 时，对应的开关便将电阻接到运算放大器的输入端，而当它是 0 时，将电阻接地。因此，不管输入信号是 1 还是 0，流过每个支路电阻的电流始终不变。当然，从参考电压输入端流进的总电流始终不变，它的大小为

$$I_R = \frac{U_{REF}}{R} \tag{4-9}$$

因此输出电压可表示为

$$U_o = -\frac{U_{REF}}{2^4}(d_3 \times 2^3 + d_2 \times 2^2 + d_1 \times 2^1 + d_0 \times 2^0) \tag{4-10}$$

由于倒 T 形电阻网络 D/A 转换器中各支路的电流直接流入了运算放大器的输入端,它们之间不存在传输时间差,因而提高了转换速度并减小了动态过程中输出端可能出现的尖峰脉冲。同时,只要所有的模拟开关在状态转换时满足"先通后断"的条件(一般的模拟开关在工作时都是符合这个条件的),那么即使在状态转换过程流过各支路的电流也不改变,因而不需要电流的建立时间,这也有助于提高电路的工作速度。

鉴于以上原因,倒 T 形电阻网络 D/A 转换器是目前使用的 D/A 转换器中速度较快的一种,也是用得较多的一种。

4. 主要技术指标

(1)分辨率

分辨率是指 D/A 转换器能分辨最小输出电压变化量(U_{lse})与最大输出电压(U_{max})即满量程输出电压之比。最小输出电压变化量就是对应于输入数字信号最低位为 1,其余各位为 0 时的输出电压,记为 U_{lse},满度输出电压就是对应于输入数字信号的各位全是 1 时的输出电压,记为 U_{max}。

对于一个 n 位的 D/A 转换器可以证明:

$$\frac{U_{lse}}{U_{max}} = \frac{1}{2^n - 1} \approx \frac{1}{2^n}$$

例如对于一个 10 位的 D/A 转换器,其分辨率是:

$$\frac{U_{lse}}{U_{max}} = \frac{1}{2^{10} - 1} \approx \frac{1}{2^{10}} = \frac{1}{1\,024}$$

应当指出,分辨率是一个设计参数,不是测试参数。分辨率与 D/A 转换器的位数有关,所以分辨率有时直接用位数表示,如 8 位、10 位等。位数越多,能够分辨的最小输出电压变化量就越小。U_{lse} 的值越小,分辨率就越高。

(2)精度

D/A 转换器的精度是指实际输出电压与理论输出电压之间的偏离程度。通常用最大误差与满量程输出电压之比的百分数表示。例如,D/A 转换器满量程输出电压是 7.5 V,如果误差为 1%,就意味着输出电压的最大误差为 ±0.075 V(75 mV)。也就是说输出电压的范围在 7.425~7.575 V 之间。

转换精度是一个综合指标,包括零点误差,它不仅与 D/A 转换器中的元件参数的精度有关,而且还与环境温度、求和运算放大器的温度漂移及转换器的位数有关。所以要获得较高的 D/A 转换结果,除了正确选用 D/A 转换器的位数外,还要选用低零漂的运算放大器及高稳定度的 U_{ref}。

在一个系统中,分辨率和转换精度要求应当协调一致,否则会造成浪费或不合理。例如,系统采用分辨率是 1 V,满量程输出电压 7.5 V 的 D/A 转换器,显然要把该系统做成精度为 1%(最大误差 75 mV)是不可能的。同样,把一个满量程输出电压为 10 V,输入数字信号为 10 位的系统做成精度只有 1% 也是一种浪费,因为输出电压允许的最大误差为 100 mV,但分辨率却精确到 5 mV,表明输入数字 10 位是没有必要的。

(3)转换时间

D/A 转换器的转换时间是指在输入数字信号开始转换,到输出电压(或电流)达到稳定时所需的时间。它是一个反映 D/A 转换器工作速度的指标。转换时间的数值越小,表示D/A 转换器工作速度越高。

转换时间也称输出时间,有时手册给出输出上升到满刻度的某一百分数所需要的时间作为转换时间。转换时间一般为几纳秒到几微秒。目前,在不包含参考电压源和运算放大器的单片集成 D/A 转换器中,转换时间一般不超过 1 μs。

第二节 变电所开关量输入及输出通道

变电所的断路器、隔离开关、普通开关及刀闸等开关设备,继电器和按键触点等二次控制设备都具有分合两种工作状态,可以用 0、1 表示。因此,对它们工作状态的输入和控制输出信号,可以表示为数字量的输入和输出。

开关量的采集需通过开关量输入电路实现,在开关量的采集过程中,还需要解决开关量的隔离、抗干扰、采集方式和开关变位识别等问题。

1. 开关量输入电路

开关量的输入电路比较多,大致可分为两类:一类是装在装置面板上的各种触点的输入,如用于装置调试或运行中定期检查的键盘触点;另一类是从装置外部经过端子排引入装置的触点,如断路器和隔离开关的辅助触点、用于运行切换的各种压板、连接片、转换开关等。开关量输入电路的框图如图 4-18 所示。

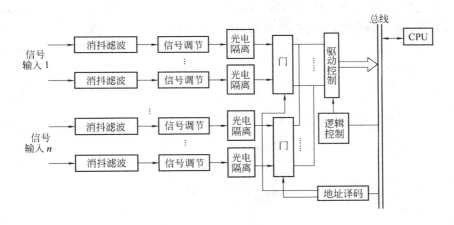

图 4-18 开关量输入电路框图

由图 4-18 可知,开关量输入电路由信号调节电路、控制逻辑电路、驱动电路、地址译码电路、隔离电路等组成。开关量输出电路与输入电路基本一样。开关量信号都是成组并行输入(出)微型机系统的,每组一般为微型机系统的字节,即 8、16 或 32 位,对于断路器、隔离开关等开关量的状态,体现在开关量信号的每一位上,如断路器的分、合两种工作状态,可用 0、1 表示。下面介绍开关量输入及输出电路的几个主要问题。

2. 开关量的隔离

开关量的隔离是基于以下考虑:一是变电所断路器、隔离开关的辅助触点距离主控室一般较远(约几十米),同时为了克服辅助触点的接触电阻,作为开关信号的电压一般都较高(采用 110V 或 220V),这种高电压是不能直接进入微机接口电路的,因此必须加以隔离。二是断路器、隔离开关和继电器等,常处于强电场中,电磁干扰比较严重,若不采取隔离措施,则当开关(触点)动作时,可能会干扰程序的正常执行,产生所谓"飞车"的软故障,甚至损坏接口芯片或 CPU。所谓开关量的隔离,是指低压输入电路与大功率电源的隔离、外部现场器件及传输线与数字电路的隔离、多个输入电路之间的隔离等。常用的开关量的隔离方法主要有光电隔离、继电器隔离、继电器和光电耦合器双重隔离三种。

（1）光电隔离

利用光电耦合器可以实现现场开关量与计算机总线之间的完全隔离。光电耦合器的原理接线如图4-19所示。光电耦合器由发光二极管和光敏三极管组成，集成在一个芯片内，发光二极管和光敏三极管之间完全绝缘且分布电容极少，这样就极大地削弱了外部接线回路对微机系统的干扰。在光电耦合器里，信息传送介质为光，输入和输出都是电信号，由于信息的传送和转换的过程都

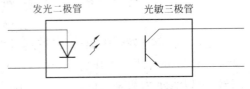

图4-19　光电耦合器

是在不透光的密闭环境中进行的，因而排除了外界电磁信号的干扰和外界光的影响。

光电耦合器的工作原理为：光电隔离是通过输入信号使光电耦合器中的发光二极管发光，其光线又使光敏三极管饱和导通产生电信号输出，从而既完成了信号的传递又实现电气上的隔离。光电耦合的时间一般不超过几微秒。光电耦合器的输入端和输出端在电气上是完全绝缘的，且输入端对输出端也无反馈，因此具有隔离和抗干扰两方面的独特性能。

（2）继电器隔离

对于发电厂、变电所现场的断路器、隔离开关、继电器的辅助触点和主变压器分接开关位置等开关信号，输入至微机系统时，也可通过继电器隔离，其原理接线图如图4-20所示。

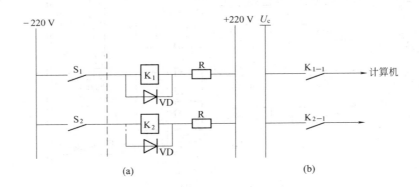

图4-20　开关量的继电器隔离方式原理接线图

利用现场断路器或隔离开关的辅助触点 S_1、S_2 接通，去启动小信号继电器 K_1、K_2。然后由 K_1、K_2 的触点 K_{1-1}、K_{2-1} 等输入至微机系统，这样做可起到很好的隔离作用。

（3）继电器和光电耦合器双重隔离

在线路比较长、干扰比较严重的场合，可以同时采用继电器和光电耦合器双重隔离，以增强隔离的效果，即现场开关的辅助触点先经过继电器隔离，继电器的辅助触点再经过光电耦合器隔离，然后再输入至计算机。这种双重隔离对提高抗干扰能力和消除开关动作时的抖动具有很好的效果。

3. 抗干扰

开关量采集的抗干扰有硬件和软件两种实现措施。

硬件抗干扰措施称为去抖电路，是为了消除开关操作时产生的抖动。去抖电路有多种形式，最常用的是采用双稳态触发电路，利用其正反馈作用使状态迅速翻转达到去抖的目的。

软件抗干扰措施主要是适当增加延时,以躲开触点抖动的影响。

开关信号经隔离、去抖以后就可以进入微机接口。如果开关量数目不多,可以采用一对一的方式输入,即一个开关量占用一个 I/O 通道。采用这种方式的软件最简单,只要检测到开关状态有变位,就可以直接转入相应的服务子程序。当开关量数目较多时,为了节省通道和接口,可以采用矩阵输入方式,这样有 N 个通道就可以输入($N^2/2$)个开关量。

4. 开关量的采集方式

微机采集开关量,可以采用定时查询方式,也可以采用中断方式。定时查询方式响应速度比较慢,而中断方式响应比较及时,究竟采用哪一种方式,应根据开关状态变化的快慢及重要程度等确定。如对隔离开关,一般可采用定时(如 1 s)查询方式;对断路器和继电器的状态,既可采用定时查询方式,也可采用中断方式。

5. 开关变位的识别

开关量的状态通常用一位二进制数来表示,例如用"0"代表"断开",用"1"代表"闭合"。而变电所的开关量数目通常很多,要确定某一开关是否产生变位(即由 0 变 1 或由 1 变 0),就需要用开关原来的状态和现在的状态进行某种逻辑运算,从而筛选出产生变位的开关。

第三节　数字量的输入输出控制方式

在变电所综合自动化系统中,需采集的信息很多,如模拟量、开关量、脉冲量等,无论何种类型的信息,在计算机内部都是以二进制的形式(即数字形式)存放在存储器中。可见数字量的输入与输出是计算机的基本操作之一。模拟量经 A/D 变换后的数字量、开关量、脉冲量的输入需要经过数字量输入电路和输入接口芯片实现;同理,计算机数字量的输出也需要经过数字量输出电路和输出接口芯片实现。

下面重点介绍开关量输入/输出(I/O)接口、CPU 对输入/输出数据的控制方式的基本情况。

一、输入/输出接口

计算机的输入/输出,简称 I/O。I/O 接口是 CPU 同外部设备(简称外设)间进行信息交换的桥梁,即通过 I/O 接口电路计算机直接与外界设备进行信息交换。外部设备分为输入和输出设备,输入设备用于向计算机输入信息,输出设备用于输出程序和运算结果。前已介绍的 A/D 转换器属于输入设备,D/A 转换器属于输出设备。

1. I/O 接口的作用

由于 CPU 和外设间所传信息的性质、传输方式、传输速度和电平各不相同,因此,CPU 和外设间不能简单地直接相连,而必须通过 I/O 接口这个过渡电路才能协调起来。因此,I/O 接口的作用主要有如下三个。

(1)实现信号的变换

一是实现信息性质的变换,因计算机使用的是数字信号,而有些外围设备需要提供的是模拟信号,两者必须通过接口进行变换。二是实现传输方式的变换,因计算机内部的信息都是以并行方式进行传送的,而进行计算机通信时,信号常以串行方式进行传送,因此,I/O 接口电路必须具有把串行数据变换成并行传送(或把并行数据变换成串行传送)的功能。

（2）实现 CPU 和不同外设的速度匹配

不同外设的工作速度差别很大，且大多数外设的速度与微秒级的 CPU 速度相比显得很慢，故在数据的传送过程中常常需要等待。这就要求在 I/O 接口电路中设置缓冲器，用以暂存数据。

（3）实现电平的转换

通常情况下，CPU 输入/输出的数据和控制信号是 TTL 电平，而外部设备的信号电平类型较多，为实现 CPU 和外设间的信号传送，I/O 接口电路要具备信号电平的这种自动转换功能。

2. I/O 接口电路

I/O 接口电路的基本结构如图 4-21 所示。

从 I/O 接口完成的工作看，CPU 和外设间交换的信息有三类：数据信息、状态信息和控制信息。因此，I/O 接口必须能把外设送来的三种信息加以区分，因此在 I/O 接口内部，必须用不同的寄存器来分别存放，并赋以不同的地址（端口地址）。一个外围设备所对应的接口电路需要分配几个端口地址，CPU 寻址的对象为端口（数据端口、状态端口和控

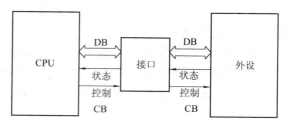

图 4-21　I/O 接口电路的基本结构

制端口），而不是笼统的外围设备。I/O 接口加上在它的基础上编制的 I/O 程序，就构成了 I/O 技术。

I/O 接口常用芯片包括三态缓冲器、锁存器、地址译码器等。下面主要以三态缓冲器为例介绍其组成和作用。在实际使用中，I/O 接口常用芯片均可查阅相关手册。

三态缓冲器亦称三态缓冲寄存器，其组成如图 4-22 所示。

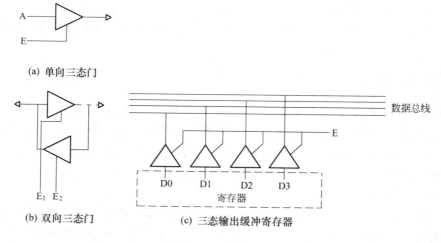

(a) 单向三态门

(b) 双向三态门　　(c) 三态输出缓冲寄存器

图 4-22　三态缓冲器

由图 4-22 可知，三态缓冲器用于寄存器与数据总线之间的数据传送。当寄存器输出端接至三态门，再由三态门输出端与总线连接起来，就构成三态输出的缓冲寄存器。

在微机系统中，为减少信息传输线的数目，信息（含地址、数据和控制信息）的传输均采用总线形式（分为地址总线 AB、数据总线 DB 和控制总线 CB），即传输的同类信息都走同一组传输线，且信息是分时传送的。而微机需要通过总线与多个外设传送信息，为防止信息的相

互干扰,要求凡挂在总线上的寄存器或存储器等,其输出端不仅能呈现 0、1 两个信息状态,而且还应能呈现第三种状态——高阻抗状态,即此时寄存器与总线相隔离而不能进行信息交换,另外,同一时间只允许一个寄存器占用总线,其余均应处于高阻抗状态。用三态门可实现该功能。三态门除具有输入输出端以外,还有一个控制端(E),当控制端 E=1 时,输出=输入,此时总线由该器件驱动,寄存器可与总线进行信息传送;当 E=0 时,输出端呈高阻抗状态,该器件对总线不起作用,寄存器不能与总线进行信息传送。三态门还有单向和双向之分,如图 4-22(a)和图 4-22(b)所示。所谓单向三态门是指寄存器与总线间的数据传送是单向的,即只允许寄存器向总线传送数据或只允许总线向寄存器传送数据。而双向三态门可实现寄存器与总线间的双向数据传送。

锁存器的作用是接收和保存来自数据总线的数据。因微机输出的数据在系统总线上只能存在很短的时间,通过锁存器可实现总线传送的数据与寄存器数据的一致性或同步性,亦即解决总线传送数据的速度与寄存器存取速度不一致的问题。

地址译码器的作用是对 CPU 传送来(由地址总线 AB)的地址信息进行译码,以确定要传送信息的端口。在实际应用中,当微处理器内部各功能部件不能满足应用系统的要求时,就需要增加相应的外围芯片,对微处理器的功能进行扩展。在综合自动化系统中,输入和输出的数字量、模拟量比较多,就需要扩展多块 I/O 接口模板,这时在每个模板内部需要端口译码,在各模板间也存在板选译码问题。

3. 输入/输出信息的组成

前已述及,计算机与外界联系交换的信息可分为数据信息、状态信息和控制信息三种。

(1)数据信息

计算机与外界交换的数据信息主要包括:模拟量/数字量转换的结果,继电器触点、断路器和隔离开关的状态,它们按一定的编码标准(如二进制数的格式或 ASCII 码标准)输入至计算机,每若干位(一般为 8 位、16 位或 32 位)组合表示为一个数字或符号。

(2)状态信息

状态信息反映外部设备的工作状态,CPU 在传送数据前必须先输入这些外设的状态信息,并逐位进行测试和判断它们的工作状态,只有在外设种状态都处于"准备好"的情况下,才能可靠地传送数据信号。

(3)控制信息

控制信息用于控制外部设备的工作,如外部设备的"启动"和"停止"。在外设控制过程中,CPU 发出命令(一个输出字节的每一位可以定义为一个控制命令)给输入/输出设备,例如,当某一位为 1 时控制设备启动,而当该位为 0 时表示不启动设备。

4. 输入/输出信息的传送方式

CPU 的数据总线都是并行的,但由于输入/输出设备有并行和串行之分,或为了远距离传输的需要,输入/输出数据的传送除了有并行传送方式外,还有串行传送方式,这两种传送方式各有各的特点和不同的应用场合。

(1)串行传送方式

所谓串行传送方式,是将要传送的数据的字节(或字)拆开,然后以位(bit)为单位,一位一位地进行传送。现在的 PC 机一般至少有两个串行口 COM1 和 COM2。串行口不同于并行口之处在于它的数据和控制信息是一位接一位串行地传送下去。这样,虽然速度会慢一些,但传送距离较并行口更长,因此长距离的通信应使用串行口。通常 COM1 使用的是 9 针 D 形连接器,而 COM2 有些使用的是老式的 DB25 针连接器。

（2）并行传送方式

所谓并行传送方式,是以字节或字为单位同时进行传送。这种传送方式要求输入/输出接口的数据通道为 8 位(字节传送)或 16 位(字传送),各位数据同步收、发。其特点是传送速度快,但需要传输电缆数量多(因每一位信息须用一根导线来传送),硬件投资大,更适合于较近距离的数据传送。

二、CPU 对输入/输出数据的控制方式

在综合自动化系统中,输入/输出的量有模拟量、开关量、脉冲量等,由于各种量的性质不同,对速度、可靠性的要求也不一样,所以输入/输出的控制方式也不同。通常 CPU 与外设交换数据有 4 种控制方式(传送方式),即同步传送、查询传送、中断传送和 DMA 传送。实际应用中应根据不同的外设或不同的硬件结构及接口功能来合理选择 CPU 对输入/输出数据的传送方式。

1. 同步传送方式

同步传送方式也称为无条件程序控制方式。当外设工作速度非常慢或变化速度是固定的,以至任何时候都被认为处于"准备好"状态时,也可采用同步传送方式。例如,继电器、断路器、隔离开关、机械传感器、发光二极管等都属于状态变化缓慢的外设。使用该种传送方式的条件是:必须确保执行输入指令时,外设一定是准备好的,执行输出操作时,外设一定是空的,即 CPU 与外设传送数据时必须保证同步。同步工作要求 I/O 设备与 CPU 的工作速度完全同步,例如在数据采集过程中,若外部数据以 2 400 bit/s 速率传送至接口,则 CPU 也必须以 2 400 bit/s 的速率接收每一位数。这种联络互相之间还得配有专用电路,用以产生同步时标来控制同步工作。

但是,如果 CPU 要输出数据给数据状态变化缓慢的外设时,由于 CPU 的数据总线变化速度快,因此要求输出的数据应该在接口电路的输出端保持一段时间,外设才能接收到稳定的数据。因此,在同步传送中,输出的接口电路往往需要通过数据锁存器。

2.查询传送方式

这种传送方式也称为异步传送方式或条件传送方式,它能适用于数据状态变化不规则的外设,实现 CPU 能与各种速度的外设配合工作。

查询传送方式的特点是 CPU 在对输入/输出传送数据前,先输入外设的状态,并测试其是否"准备好",只有在测试到输入/输出设备已准备就绪后,CPU 才对输入/输出设备传送数据。查询传送方式的缺点是 CPU 需要不断查询外设的状态,这就占用了 CPU 的工作时间,尤其在与中、慢速外设交换信息时,查询上占用 CPU 的时间远多于传送数据所用的时间。如图 4-23 所示为并行传送的异步联络方式。

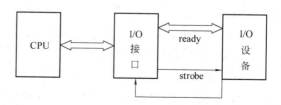

图 4-23　并行传送的异步联络方式

当 CPU 将数据输出到 I/O 接口后,接口立即向 I/O 设备发出一个"ready"(准备就绪)信号,告诉 I/O 设备可以从接口内取数据。I/O 设备收到"ready"后,通常便立即从接口中取出数据,接着便向接口回发一个"strobe"信号,并让接口转告 CPU,接口中的数据已被取走,CPU 还可继续向此接口送数。同理,倘若 I/O 设备需向 CPU 传送数据,则先由 I/O 向接口送数据,并向接口发"strobe"信号,表明数据已送出。接口接到联络信号后便通知 CPU 可以来取数,一旦 CPU 取走时,接口便向 I/O 设备发"ready"信号,告诉 I/O 设备,数据已被取走,尚可继续送数。这种一应一答的联络方式称作异步联络。

3. 中断传送方式

计算机在执行程序的过程中,由于 CPU 以外的某种原因,有必要尽快中断当前程序的执行,而执行相应的处理程序(亦称中断服务程序),待处理工作结束后,再回路继续执行被中止了的原程序。这种程序执行方式称为中断。

对初学者来说,中断这个概念比较抽象,其实计算机的处理系统与人的一般思维有着许多共同之处,例如你上班时,正在翻译资料,这时候电话铃响了,你在书本上做个记号(以记下你现在正翻译到某某页),然后与对方通电话,而此时恰好有客人到访,你先停下通电话,与客人说几句话,叫客人稍候,然后回头继续通完电话,再与客人谈话。谈话完毕,送走客人,继续你的资料编译工作。

这就是日常生活和工作中的中断现象,类似的情况还有很多,从编译资料到接电话是第一次中断,通电话的过程中引有客人到访,这是第二次中断,即在中断的过程中又出现第二次中断,这就是中断嵌套。处理完第二个中断任务后,回头处理第一个中断,第一个中断完成后,再继续你原先的主要工作。

为什么会出现这样的中断呢? 道理很简单,人非三头六臂,人只有一个脑袋,在一种特定的时间内,可能会面对着两个、三个甚至更多的任务。但一个人又不可能在同一时间去完成多样任务,因此你只能根据任务的轻重缓急,采用中断的方法穿插去完成它们。那么这种情况对于计算机中的中央处理器也是如此,单片机中 CPU 只有一个,但在同一时间内可能会面临着处理很多任务的情况,如运行主程序、数据的输入和输出、定时/计数时间已到要处理,可能还有一些外部的更重要的中断请求(如超温超压)要先处理,此时也得像人的思维一样停下某一样(或几样)工作先去完成一些紧急任务。

中断传送方式,即当 CPU 需要与外设交换信息时,若外设要输入 CPU 的数据已准备好,存放于输入寄存器中,或在输出时,若外设已把数据取走,即输出寄存器已空,则由外设向 CPU 发出中断申请,CPU 在接到外设的申请后,若没有更重要的处理任务,CPU 就暂停当前执行的程序(即实现中断),转去执行输入或输出操作(称中断服务),待输入或输出操作完成后即返回,CPU 再继续执行原来的程序。这样大大提高了 CPU 的效率,同时使外设发生的事件能得到及时处理。因此,采用中断传送方式后,CPU 就可以与多个外设同时工作。

中断控制方式可以在一定程度上实现 CPU 与外设并行工作,但是在外设与内存之间或外设与外设之间进行数据传送时,还是要经过 CPU 中转(即经过 CPU 的累加器读进和送出),这对高速外设(如磁盘)在进行大批量数据传送时,会造成中断次数过于频繁,这样不仅限制了传送速度,而且将耗费大量 CPU 的时间。

4. DMA 传送方式

在前述的同步传送、查询传送、中断传送三种数据传送方式中,无论是从外设传送到内存的数据,还是从内存传送到外设的数据,都要转道 CPU 才能实现,因此,数据的传送效率较低。若 I/O 数据不经过 CPU 而直接在外设和内存之间传送,数据的这种传送方式称为 DMA 传送方式。

DMA 传送的含义是直接存储器存取,这是一种由硬件来执行数据传送的工作方式,它必须依靠带有 DMA 功能的 CPU 和专用 DMA 控制器实现。DMA 传送方式实际上是把输入/输出过程中外设与内存交换信息的那部分操作和控制给了 DMA 控制器,简化了 CPU 对输入/输出的控制,从而提高了数据传送的效率。

在变电所综合自动化系统中,DMA 传送方式是常采用的一种传送方式。例如,在双 CPU 的微机保护模块中,可以由一个 CPU 负责采集数据,另一个 CPU 负责数据处理和故障处理,利用 DMA 技术,将采样 CPU 存入存储器中的最新数据直接传送给数据处理 CPU 的存储器。由于两台 CPU 间数据的传送是由 DMA 控制器控制的,因此,两台微机完全可以并行工作,既不影响采样机的连续采样,也不影响数据处理机的数据处理和故障处理,保证了保护动作的快速性。

第四节　单片机控制实例

目前国内大部分变电所自动化系统,都是采用单片机系统来实现的。利用单片机系统采集变电所的模拟量、脉冲量、开关状态量及一些非电信号,经过功能的重新组合,按照预定的程序和要求实现变电所的监视、测量、协调和控制,实现数据共享和资源共享,提高变电所自动化的整体效益,提高整个电网运行的安全性和经济效益。

变电所综合自动化系统的主要功能之一是利用低压的自动控制电路控制高压电路中的开关,一方面要求控制信号能够控制高压开关电路的执行元件,如电动机、电磁铁、电灯等;另一方面要求控制电路与高压电路具有良好的电隔离,以保护控制电路和工作人员的安全。

下面通过 AT89S51 单片机对输入模拟电压采集并与整定电压进行比较,根据比较结果实现对继电器驱动的实例,训练学生对综合自动化系统工作原理的认识。

一、实训目的

1. 掌握 ADC0809 模/数转换芯片与单片机的连接方法及 ADC0809 的典型应用。
2. 掌握用查询方式完成模/数转换程序的编写方法。

二、实训环境

变电所综合自动化实训室。

三、实训材料与工具

AT89S51 单片机、ADC0809 模/数转换芯片。

四、主要元件

1. ADC0809 芯片

ADC0809 是典型的 8 位 8 通道逐次逼近式 A/D 转换器,CMOS 工艺。

(1)ADC0809 的内部逻辑结构

ADC0809 内部逻辑结构如图 4-24 所示,图中多路开关可选通 8 个模拟通道,允许 8 路模拟量分时输入,共用一个 A/D 转换器进行转换。地址锁存与译码电路完成对 A、B、C 三个地址位进行锁存和译码,其译码输出用于通道选择,见表 4-2。

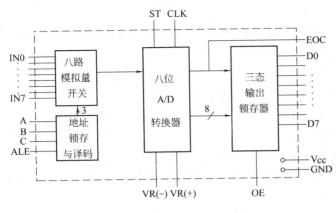

图 4-24 ADC0809 内部逻辑结构

表 4-2 通道选择表

C	B	A	选择的通道
0	0	0	IN0
0	0	1	IN1
0	1	0	IN2
0	1	1	IN3
1	0	0	IN4
1	0	1	IN5
1	1	0	IN6
1	1	1	IN7

（2）信号引脚

ADC0809 芯片为 28 引脚双列直插式封装，其引脚排列如图 4-25 所示。

对 ADC0809 主要信号引脚的功能说明如下：

IN7～IN0：模拟量输入通道。

ADDA、ADDB、ADDC：三位地址码输入端。八路模拟信号转换选择由这三个端口控制。

ALE：地址锁存允许信号输入端。八路模拟信号地址由 A、B、C 输入，在 ALE 信号有效时将该八路地址锁存。

START：转换启动信号，START 上跳沿时，所有内部寄存器清 0；START 下跳沿时，开始进行 A/D 转换；在 A/D 转换期间，START 应保持低电平。

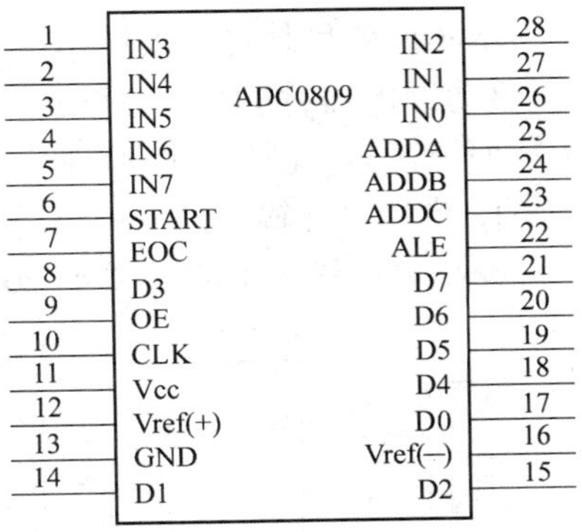

图 4-25 ADC0809 引脚图

D7～D0：数据输出线，为三态缓冲输出形式，可以和单片机的数据线直接相连。

OE：输出允许信号，用于控制三态输出锁存器向单片机输出转换得到的数据。OE = 0，输出数据线呈高电阻；OE = 1，输出转换得到的数据。

CLK：时钟信号，ADC0809 的内部没有时钟电路，所需时钟信号由外界提供，因此有时钟信号引脚。通常使用频率为 500kHz 的时钟信号。

EOC：转换结束状态信号，EOC = 0，正在进行转换；EOC = 1，转换结束。该状态信号既可作为查询的状态标志，又可以作为中断请求信号使用。

Vcc：+5V 电源。

Vref：参考电源，参考电压用来与输入的模拟信号进行比较，作为逐次逼近的基准。其典型值为+5V（Vref（+）= +5V，Vref（-）= 0V）。

2. 电磁式继电器

电磁式继电器一般由控制线圈、铁芯、衔铁、触点簧片等组成，控制线圈和接点组之间是相互绝缘的，因此，能够为控制电路起到良好的电气隔离作用。当继电器的线圈两头加上其线圈的额定电压时，线圈中就会流过一定的电流，从而产生电磁效应，衔铁就会在电磁力吸引的作用下克服返回弹簧的拉力吸向铁芯，从而带动衔铁的动触点与静触点（常开触点）吸合。当线圈断电后，电磁的吸力也随之消失，衔铁就会在弹簧的反作用力下返回原来的位置，使动触点与原来的静触点（常闭触点）吸合。这样吸合、释放，从而达到了在电路中的接通、切断的开关目的。

电磁式继电器包括直流电磁继电器、交流电磁继电器、磁保持继电器、极化继电器、舌簧继电器和节能功率继电器。

（1）直流电磁继电器：输入电路中的控制电流为直流的电磁继电器。

（2）交流电磁继电器：输入电路中的控制电流为交流的电磁继电器。

（3）磁保持继电器：将磁钢引入磁回路，继电器线圈断电后，继电器的衔铁仍能保持在线圈通电时的状态，具有两个稳定状态。

（4）极化继电器：状态改变取决于输入激励量极性的一种直流继电器。

（5）舌簧继电器：利用密封在管内、具有触点簧片和衔铁磁路双重作用的舌簧的动作来开、闭或转换线路的继电器。

（6）节能功率继电器：输入电路中的控制电流为交流的电磁继电器，但它的电流大（一般30~100A），体积小，具有节电功能。

五、实训说明

本实训项目是对输入模拟电压采集并与整定电压进行比较，当比较结果大于整定电压时，驱动继电器，同时点亮 LED。本实训中利用 ADC0809 芯片进行模数转换，利用 74LS373 做数据锁存器。硬件电路原理分为模拟电压输入和数字量输出两部分。

1. 模拟电压输入部分

模拟电压输入电路如图 4-26 所示。

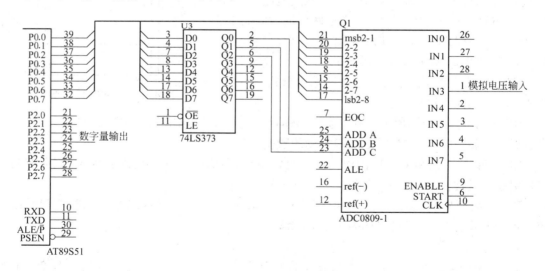

图 4-26　模拟电压输入电路图

2. 数字量输出部分

数字输出电路如图 4-27 所示。

三极管 VT1 的基极 B 接到单片机的 P2.3，三极管 VT1 通过一个光耦进行隔离后接到三极管 VT2 的基极作为输入，VT2 集电极 C 接到继电器线圈的一端，继电器线圈的另一端接到 +12V 电源上；继电器线圈两端并接一个二极管 VD1，用于吸收释放继电器线圈断电时产生的反向电动势，防止反向电势击穿三极管 VT2 及干扰其他电路；R6 和发光二极管 VD2 组成一个继电器状态指示电路，当继电器吸合的时候，LED 点亮，这样就可以直观地看到继电器状态了。本电磁继电器是在输入电路内电流的作用下,由机械部件的相对运动产生预定响应的一种继电器。CN3 的 1、2、3 为继电器输出接线端子,其中 1 接到继电器的常开接点,2 接到继电器的动接点,3 接到继电器的常闭接点。当继电器吸合的时候,1-2 将接通,相当于开关闭合。因此可以在端子 1-2 上接线来控制其他电路了。

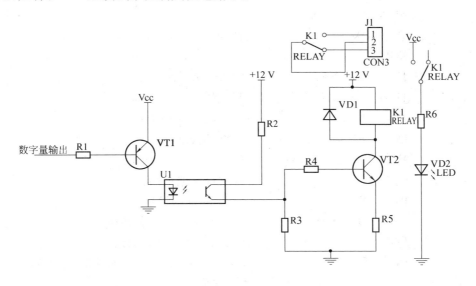

图 4-27 数字量输出电路图

当模拟电压经过 A/D 转换输入到单片机中,利用软件跟整定电压进行比较,比较结果大于整定电压时,AT89S51 单片机的 P2.3 引脚输出低电平时,三极管 VT1 饱和导通,通过光耦输入到 VT2,使 VT2 导通,+12V 电源加到继电器线圈两端,继电器吸合,同时状态指示的发光二极管也点亮,继电器的常开触点闭合,相当于开关闭合。

当模拟电压经过 A/D 转换输入到单片机中,利用软件跟整定电压进行比较,比较结果小于整定电压时,AT89S51 单片机的 P2.3 引脚输出高电平时,三极管 VT1 截止,使得 VT2 也截止,继电器线圈两端没有电位差,继电器衔铁释放,同时状态指示的发光二极管也熄灭,继电器的常开触点释放,相当于开关断开。

另外在三极管截止的瞬间,由于线圈中的电流不能突变为零,继电器线圈两端会产生一个较高电压的感应电动势,线圈产生的感应电动势则可以通过二极管 VD1 释放,从而保护了三极管免被击穿,也消除了感应电动势对其他电路的干扰,这就是二极管 VD1 的保护作用。

六、部分源程序

1. 程序流程图(图 4-28)
2. ADC0809 转换程序

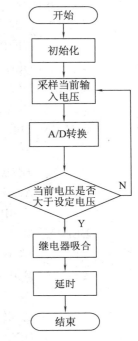

图 4-28 程序流程图

```
        OUT   50H,AL        ;选通 IN₀ 启动 A/D 转换
    W:IN      AL,41H        ;输入 EOC 标志
        TEST  AL,01H
```

```
        JZ      W               ;未结束,返回等待
        IN      AL,49H          ;结束,把结果送入 AL 中
        MOV     BX,OFFSET WP    ;设置数据存储指针
        MOV     CL,100          ;设置计数初值
    N:MOV      DX,0050H
    P:OUT      DX,AL            ;选通一个通道,启动 A/D
        NOP
    W:IN       AL,41H           ;输入 EOC 标志
        TEST    AL,01H          ;测试状态
        JZ      W               ;未结束,返回等待
        IN      AL,49H          ;结束,读数据
        MOV     BX,AL           ;存数
        INC     BX              ;修改存储地址指针
        INC     DX              ;修改 A/D 通道地址
        CMP     DX,0058H        ;判断八个通道是否转换完
        JNZ     P               ;未完,返回启动新通道
        DEC     CL              ;100 个点是否采样完了,未完返回再启动
                                ;IN₀ 通道
        JNZ     N
        HLT                     ;100 个点完成,暂停
```

3. 继电器控制程序

```
        ORG     0000H
        AJMP    START           ;跳转到初始化程序
        ORG     0033H
  START:MOV     SP,#50H         ;SP 初始化
        MOV     P3,#0FFH        ;端口初始化
   MAIN:CLR     P2.3            ;P2.3 输出低电平,继电器吸合
        ACALL   DELAY           ;延时保持一段时间
        SETB    P2.3            ;P2.3 输出高电平,继电器释放
        ACALL   DELAY           ;延时保持一段时间
        AJMP    MAIN            ;返回重复循环
  DELAY:MOV     R1,#20          ;延时子程序
   Y1:  MOV     R2,#100
   Y2:  MOV     R3,#228
        DJNZ    R3,$
        DJNZ    R2,Y2
        DJNZ    R1,Y1
        RET                     ;延时子程序返回
        END
```

1. A/D 转换为什么要进行采样? 采样频率应根据什么选定?

2. 设输入模拟信号的最高有效频率为 5 kHz,应选用转换时间为多少的 A/D 转换器对它进行转换?

3. 设被测温度变化范围为 300~1 000℃,如要求测量误差不超过±1℃,应选用分辨率和精度为多少位的 A/D 转换器(设 A/D 转换器的分辨率和精度的位数一样)?

4. 一个十位 R-2R 倒 T 形 DAC 的 $U_{REF}=5$ V,$R_F=R$,试分别求出数字量为 0 000 000 001 和 1 111 111 111 时,输出 U_o 为多少伏。

第五章

牵引变电所的微机保护及智能装置

【预备知识】

牵引供电系统是专门向电力机车提供电源的特殊网络,主要由牵引变电所、接触网两大部分构成,外部电源取自地方电网。牵引变电所向接触网供电,电力机车通过受电弓在接触线上滑动取流,所以接触网沿铁路呈辐射状布置,线路长,运行条件恶劣,故障率高。牵引变电所作为牵引供电系统的核心部分,其二次系统由微机保护及各种智能装置组合而成,可完成传统的保护、控制、测量和监视等功能。如图 5-1 所示为牵引变电所微机保护装置实物图。

图 5-1　牵引变电所微机保护装置实物图

【推荐学习环境】

1. 变电所综合自动化实训室;
2. 继电保护实训室;
3. 真实变电所。

【知识学习目标】

通过本课程的学习,您将可以掌握以下知识:

1. 牵引变电所微机保护基本原理及设置要求;
2. 牵引变电所备用电源自投装置的工作原理及设置要求;
3. 牵引变电所直流系统的工作原理及设置要求。

第一节　牵引变电所微机保护装置

一、微机保护概述

继电保护装置是电力系统中对可靠性要求非常严格的设备,在综合自动化系统中,继电保护单元宜相对独立,其功能不依赖于通信网络或其他设备。各保护单元要有独立的电源,保护的输入应仍由电流互感器和电压互感器通过电缆连接,输出跳闸命令也要通过常规的控制电缆送至断路器的跳闸线圈,保护的启动、测量和逻辑功能独立实现,不依赖通信网络交换信息。保护装置通过通信网络与保护管理机传输的只是保护动作信息或记录数据。为了满足无人值班的需要,也可通过通信接口实现远方读取和修改保护整定值。

1. 微机保护装置的优越性

继电保护就是将检测的电气量(也包含个别非电量)或其组合量(如阻抗、差电流和功率等)与动作整定值或动作边界条件进行比较以决定其动作行为,它的功能不外乎计算和逻辑判断。20 世纪 80 年代科技工作者开始大规模开发计算机保护装置,并很快有了成熟产品。随着微机技术的发展,微机保护的硬件成本越来越低,其性价比将远远高于传统的电磁型保护装置,微机保护的大规模推广应用是电力系统继电保护发展的主导方向,它正在快速地取代各种电磁型继电保护装置,并且已经占据了统治地位。

相比于传统的继电保护装置,微机保护装置有不可比拟的优越性:

(1)灵活性强。由于微机保护装置是由软件和硬件结合来实现保护功能的,因此在很大程度上,不同原理的继电保护的硬件可以是一样的,通过编程即可改变继电保护的特性。例如:牵引变电所馈出线的电流保护、阻抗保护和重合闸等功能,只要保护软件设计成同时具备这些功能,即可以通过同一套硬件装置实现,这是传统保护很难做到的。

(2)综合判断能力强。利用微机很强的逻辑判断能力,可以综合考虑对保护特性的各种不利影响因素,例如,在变压器差动保护中要考虑励磁电流对保护装置的不利影响,在牵引供电系统馈线保护中必须考虑谐波分量对保护装置的不利影响,对于微机保护就很容易实现。

(3)性能稳定,可靠性高。微机保护的功能主要取决于软件,对于同类型的保护装置,只要程序相同,其保护性能必然一致,所以性能稳定。微机保护采用了大规模集成电路,所以整套装置的元件数目、连接线大大减少,因而可靠性高。

(4)微机保护利用微机的记忆功能,可明显地改善保护性能,提高保护装置的灵敏性。例如,由微机软件实现的功率方向元件(如:包含原点在内的四边形特性的方向阻抗继电器),可消除死区,同时有利于新原理保护的实现。

(5)利用微机的智能,微机保护可实现故障自诊断、自闭锁和自恢复,这是传统保护所不能比拟的。

(6)微机保护装置体积小、功能全。一套保护装置可实现多种保护功能,可大大简化装置的硬件结构,利用微机可以进行灵活的人机交流活动,可以得到各种有用的数据。

(7)微机保护维护工作量小,现场调试方便。先进的微机保护装置可实现在线修改或检查保护整定值,不必停电校验各种整定值。

(8)方便接入远方监控系统,实现远方控制。微机保护装置具有通信功能,与变电所微机监控系统的通信联络使微机保护具有远方监控特性,是实现变电所综合自动化的必备条件。

2. 对微机保护装置的要求

微机保护装置的功能和可靠性,在很大程度上影响了整个综合自动化系统的性能,因此设计时必须给予足够的重视。

微机保护系统中的各保护单元,除了具有独立、完整的保护功能外,还必须满足以下要求,也即必须具备以下附加功能。

(1)满足保护装置速动性、选择性、灵敏性和可靠性的要求,它的工作不受监控系统和其他系统的影响。为此,要求保护系统的软、硬件结构要相对独立,而且各保护单元,例如变压器保护单元、线路保护单元、电容器保护单元等,必须由各自独立的 CPU 组成模块化结构;主保护和后备保护由不同的 CPU 实现,重要设备的保护(如变压器保护),最好采用双 CPU 的冗余结构,保证在保护系统中一个功能部件模块损坏,只影响局部保护功能而不能影响其他设备的保护。

(2)具有故障记录功能。当被保护对象发生事故时,能自动记录保护动作前后有关的故障信息,包括短路电流、故障发生时间和保护出口时间等,以利于分析故障。

(3)具有与统一时钟对时功能,以便准确记录发生故障和保护动作的时间。

(4)存储多种保护整定值。

(5)当地显示与多处观察和授权修改保护整定值。对保护整定值的检查与修改要直观、方便、可靠。除了在各保护单元上要能显示和修改保护定值外,考虑到无人值班的需要,通过当地的监控系统和远方调度端,应能观察和修改保护定值。同时为了加强对定值的管理,避免差错,修改定值要有校对密码措施,以及记录最后一个修改定值者的密码。

(6)通信功能。变电所综合自动化系统中的微机保护系统应该改变常规的保护装置不能与外界通信的缺陷。各保护单元必须设置有通信接口,便于与保护管理机等连接。

(7)故障自诊断、自闭锁和自恢复功能。每个保护单元应有完善的故障自诊断功能,发现内部有故障,能自动报警,并能指明故障部位,以利于查找故障和缩短维修时间,对于关键部位故障,例如 A/D 转换器故障或存储器故障,则应自动闭锁保护出口。如果是软件受干扰,造成"飞车"的软故障,应有自启动功能,以提高保护装置的可靠性。

二、微机保护装置的硬件结构

目前微机保护装置一般采用多 CPU 结构,一个(复杂的可采用多个)CPU 完成保护、测量和控制等功能,一个 CPU 完成人机接口和通信功能。多 CPU 微机保护装置的硬件结构如图 5-2所示。多 CPU 微机保护装置的硬件一般包括以下四个部分。

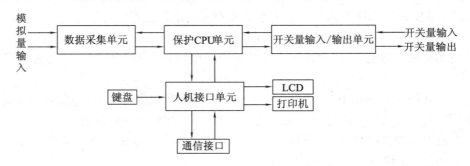

图 5-2　微机保护装置硬件结构示意图

1. 数据采集单元

数据采集单元又称为模拟量输入单元,主要包括电压形成、模拟量滤波、采样保持(S/H)、多路转换(MPX)以及模数转换(A/D)等功能块,完成模拟输入量(如 i_a、i_b、i_c、u_a、u_b、u_c 等)转换为计算机能够识别的数字量。

(1)电压形成回路

微机保护装置从被对象的电流互感器、电压互感器或其他变换器上取得电压、电流等信息,但这些互感器的二次数值、输入范围对典型的微机电路却不适应,需要降低或进行变换。一般采用中间变换器将互感器的输出信号变换为 ±5 V 或 ±10 V 范围内的电压信号。交流电压信号可以采用电压变换器;而将交流电流信号变换为成比例的电压信号,可以采用电流变换器。

（2）模拟量滤波回路

模拟量滤波回路的作用是滤除电流、电压信号中的高频分量（故障发生时，常含有 2 kHz 以上的高频分量），同时可以降低微机保护装置的采样频率，降低对微机保护装置的硬件要求。

（3）模数转换回路

模数转换回路的作用是将模拟量信号转换为数字信号，根据模数转换原理的不同，模数转换器件主要有两类：基于逐次逼近原理的模数转换器件（A/D）、基于电压－频率转换的模数转换器件（VFC）。

2. 保护 CPU 单元

保护 CPU 单元主要包括微处理器（MPU）、只读存储器（ROM）或内存单元（Flash）、随机存储器（RAM）、定时器、并行接口以及串行接口等。保护 CPU 系统执行编制好的程序，对由数据采集系统输入的原始数据进行分析、处理，完成继电保护的测量、逻辑和控制功能。保护 CPU 单元原理框图如图 5-3 所示。

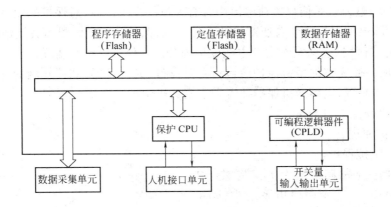

图 5-3 保护 CPU 单元原理框图

3. 开关量输入/输出单元

开关量输入/输出单元由保护 CPU 的并行接口、光电隔离器件以及有触点的中间继电器等组成，完成各种保护的出口跳闸、信号、外部触点输入等功能。

4. 人机接口与通信 CPU 单元

人机接口与通信 CPU 主要完成人机会话功能以及网络通信功能，其原理框图如图 5-4 所示。

三、牵引变电所微机保护装置

牵引变电所的保护和自动装置设置与牵引网的主要特点有关，必须考虑以下几种因素：

（1）牵引网是特殊的供电网，网上的故障多，要设置自动重合闸装置和故障点位置标定装置。

（2）牵引负荷是剧烈变化的单相负荷，最大负荷电流大，其最大、最小运行方式下，故障电流相差也大，一般不能用电流保护作为唯一的主保护，一般设置距离保护作为主保护，距离保护采用四边形动作特性，能灵敏反映接地短路带过渡电阻的情况，也兼顾了提高距离保护装置躲过负荷的能力。

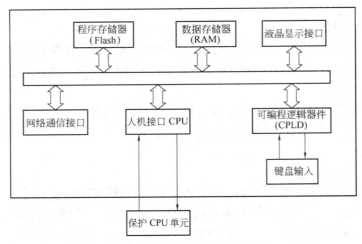

图 5-4　人机接口单元原理框图

（3）整流型的电力机车使得负荷电流中含有大量的高次谐波，对保护的设置不利，必须采取有效措施，消除谐波对保护装置所产生的不良影响，保护装置应设置谐波闭锁环节。

（4）对于复线区段，还必须考虑馈电线保护与分区亭保护的配合情况。

牵引变电所一套完整的微机保护应包括主要设备（如变压器）和接触网的全套保护，具体有：馈线微机保护装置、电容微机保护装置和主变微机保护装置。

（一）馈线保护原理及配置

1. 馈线保护原理

（1）自适应阻抗保护

阻抗保护是反应故障点至保护安装地点之间的阻抗（或距离）。在牵引供电系统中，阻抗保护通常采用多边形特性，如图 5-5 所示。根据牵引负荷的特点，为了提高阻抗保护的躲负荷能力，在阻抗保护中增加自适应判据，即根据电流中的谐波含量自动调节阻抗保护的动作范围。

（2）电流速断保护

电流速断保护的原理框图如图 5-6 所示。

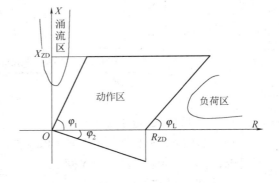

图 5-5　阻抗保护动作特性

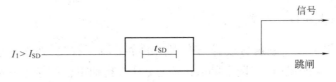

图 5-6　电流速断保护原理框图

2. 馈线保护配置

（1）单线单边供电方式

单线单边供电方式示意图如图 5-7 所示。在单线单边供电方式下，牵引变电所的馈线保护应配置阻抗Ⅰ段、电流速断，可选配过电流保护。

（2）单线越区供电方式

单线越区供电方式示意图如图 5-8 所示。在单线越区供电方式下，牵引变电所 SS 通过分区亭 SP 向相邻牵引网供电。

图 5-7　单线单边供电示意图

分区所 SP 处 QF$_2$ 的保护按单线单边供电方式配置。牵引变电所 SS 的 QF$_1$ 处配置阻抗Ⅰ段、阻抗Ⅱ段、电流速断，可选配过电流保护。

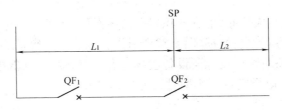

图 5-8　单线越区供电示意图

（3）复线单边供电方式

复线单边供电示意图如图 5-9 所示。在复线单边供电方式下，上下行供电臂在分区亭 SP 实现并联，牵引变电所 SS 中的 QF$_1$ 和 QF$_2$ 处的保护配置相同。

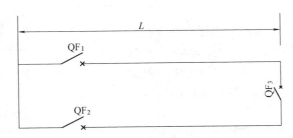

图 5-9　复线单边供电示意图

牵引变电所 SS 的 QF$_1$ 处配置阻抗Ⅰ段、阻抗Ⅱ段、电流速断，可选配过电流保护。分区亭 SP 的 QF$_3$ 处配置正向阻抗Ⅰ段、反向阻抗Ⅰ段、电流速断，可选配过电流保护。

（二）电容保护原理及配置

1. 电流速断

电流速断用于断路器到电容器连接线短路故障的保护，按躲过并补装置的最大合闸涌流整定，并考虑一定的裕度。

2. 过电流

过电流用于电容器组内部部分接地故障的保护，同时作为电流速断的后备，一般按电容器组的额定电流整定，并考虑一定的裕度。时限按躲过并补装置合闸涌流的最大持续时间来整定。

3. 谐波过电流

谐波过电流用于防止由于谐波含量过高而引起电容器过热对电容器造成的危害，按国家标准《并联电容器装置设计规范》(GB 50227—1995)规定进行设置。典型时限为120 s。

4. 差电流

差电流是用于电容器或电抗器接地故障的主保护。

5. 差电压

差电压是一种灵敏度高、保护范围大、不受合闸涌流、高次谐波及电压波动影响的保护方式。差压能检出电容器的内部故障并限制事故扩大。典型时限为 0.1~0.2 s。

6. 过电压

过电压保护的作用是防止母线电压过高时损坏电容器,一般按电容器组额定电压的 1.05~1.1 倍整定。典型时限为 1~2 s。

7. 低电压保护

当电容器组母线突然失压时,电容的积累电荷缓慢释放,若此时电压立即恢复,电容器将再次充电,可能造成电容器过电压损坏;空载牵引主变压器带大容量的电容负荷合闸时,将使工频电压显著增高,这将对牵引变电所设备造成危害。因此需配置低电压保护。低电压保护一般按 0.5~0.6 倍额定电压整定。典型时限为 0.5~1 s。

(三)变压器保护及配置

牵引主变压器是牵引变电所中的重要设备,变压器的安全运行对保障牵引供电系统的安全、可靠运行具有十分重要的意义,因此要设置完善的保护装置。

1. 差动保护

在牵引供电系统中,常用的变压器有 Y/△-11 变压器、阻抗匹配平衡变压器、单相变压器、V/V 接线变压器等。以 Y/△-11 变压器为例,介绍差动保护的接线。Y/△-11 变压器差动保护接线如图 5-10 所示。

差动保护是变压器内部、套管及引出线上发生短路故障时的主保护,不需与其他保护配合,可无延时的切断内部短路,动作于变压器高低压两侧断路器跳闸。为了保证动作的选择性,差动保护动作电流应躲开外部短路时的最大不平衡电流。对牵引主变压器设置差动速断保护和二次谐波闭锁的比率差动保护。

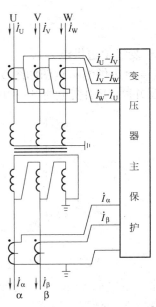

图 5-10　Y/△-11 变压器差动保护接线

2. 低压启动过电流保护

低压过电流保护主要是为了保护外部短路引起的变压器过电流,它同时也可以作为变压器差动保护以及馈线保护的后备保护。低压启动元件的电压整定值一般牵引网额定电压的 60%~70% 整定。

(1)高压侧低压启动过电流保护

高压侧低压启动过电流保护的原理框图如图 5-11 所示。

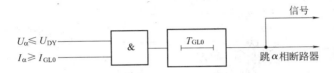

图 5-11　高压侧低压启动过电流保护原理框图

（2）α 相低压启动过电流保护

α 相低压启动过电流保护的原理框图如图 5-12 所示。

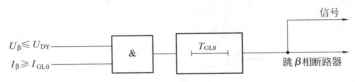

图 5-12　α 相低压启动过电流保护原理框图

（3）β 相低压启动过电流保护

β 相低压启动过电流保护的原理框图如图 5-13 所示。

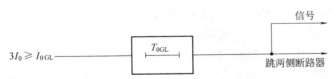

图 5-13　β 相低压启动过电流保护原理框图

3. 零序过电流保护

牵引主变压器的接地保护通常采用零序过电流保护。零序过电流保护的原理框图如图 5-14所示。

图 5-14　零序过电流保护原理框图

四、10 kV 配电综合自动化装置

铁路供电段与水电段合并后,技术人员在掌握牵引变电知识的同时,需要了解 10 kV 线路二次系统设置情况。10 kV 线路在一般的供电线路中属于电压等级较低、传输距离较短的配电线路,它的保护设置比较简单,主要考虑下面两个因素:

（1）10 kV 架空线路和电缆线路应装设相间短路保护,保护装置采用两相式接线,并在所有出线中皆装设在同名的两相上,通常装设在 U、W 两相上,以保证当发生不在同出线上的两点单相接地时有 2/3 机会切除一个故障点。

（2）10 kV 线路保护,一般以电流速断保护为主保护,以过流保护作为后备保护。

10 kV 配电系统实现综合自动化比较简单,市场上的产品比较多,馈线保护装置在结构特

点上没有采用模块插件式结构,因其功能简单,采用了保护、监控装置一体化结构,各功能模块已经高度集成。

本教材选用某公司的馈线保护装置作为 10 kV 线路保护举例,其保护原理框图如图 5-15 所示,该套馈线保护装置由三段电流保护组成,用户可根据具体情况设置为两段或三段电流保护。装置采用 RS-232 标准的数字接口,可与微机监控系统进行连接,从而实现在线监控功能,完全实现配电所综合自动化。下面对 10 kV 线路保护和馈线保护装置进行介绍。

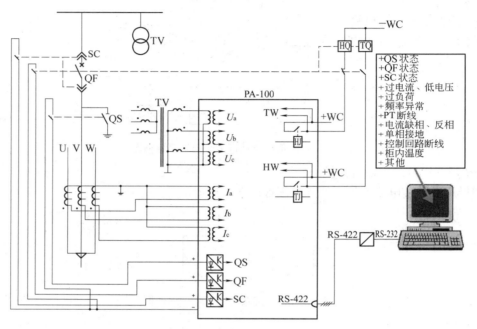

图 5-15　10 kV 线路保护原理框图

1. 馈线保护装置的保护功能

对小电流接地系统的 10 kV 线路的馈电线路,常设置三段式电流保护、低周减载、三相一次重合闸及后加速保护,且具有小电流接地选线功能,每种保护都应设有可否投退的软压板。另外装置对外还可设计两个外部硬压板(一个保护分闸压板、一个重合闸压板),这两个压板需用户自行外接,若用户不需要时必须将装置端子排上的相应端子与+WC 端子短接,否则,操作回路中分合闸回路将不通。

(1)电流保护

电流保护装置设有三段电流保护,其中Ⅰ段为电流速断保护;Ⅱ段为带时限电流速断;Ⅲ段为过流保护。速断保护无时限分闸,Ⅱ、Ⅲ段保护分闸时间可分别独立整定。手动合闸后加速和重合闸后加速为同一个加速保护,可通过软压板分别整定加速二段(时限速断)或加速三段(过流保护),后加速时间可整定。

(2)低周减载/失压保护

所谓低周减载,是当电源的频率降低时,甩去一部分负荷以保证对重要负荷的供电。低周减载配有低电压闭锁和滑差闭锁功能,可分别用整定软压板的投退。当线路在运行状态时,工作频率在滑差范围内,系统电压正常时,低周保护才允许投入,反之则被闭锁,低周保护会自动退出。低周保护动作时,自动闭锁本装置的重合闸。

低周减载保护作为失压保护时,可增加电流闭锁,以防止 PT 三相断线引起的保护误动作,电流的整定值为 0.5 A。

(3)重合闸

重合闸为三相一次重合闸,启动方式有两种:不对应启动和保护动作启动。线路在正常运行状态时,重合闸充电完成后,方可投入。远方遥控分闸和就地手动分闸都闭锁重合闸。

(4)小电流单相接地选线

小电流单相接地选线功能是计算机保护所具有的独特功能,该项功能是其他保护装置所没有的。在微机保护未能实现之前,当发生单相接地时,为了寻找接地点,采用的是点灭法,即利用开关逐条切断线路,直到故障消除为止。这种办法不但麻烦,而且增加误操作的机会。微机保护所设计的小电流单相接地选线系统,其功能是在系统发生单相接地故障时,将各线路的零序功率方向及零序电流数值远传到上位机系统,经过综合比较各线路的零序功率方向及零序电流数值,来判断哪条线路真正接地,装置要求用户接入 TV 开口三角电压(Vx、Vn)和零序 TA 电流。

(5)装置告警

当 CPU 检测到下列故障时,发出运行异常信号并报警。

①硬件故障。RAM、EPROM、定值出错、继电器状态不正确时,装置报警,并同时闭锁保护出口。

②PT 断线(闭锁相应的保护)。当计算 $3U_0$ 低于(根据母线三相电压计算)20 V 时,装置发出 PT 断线报警。

③控制回路断线。

④分、合闸压力降低。

(6)信号指示

保护装置可向用户提供完整的信号指示,包括电源指示、自检故障告警、小电流单相接地选线动作、重合闸充电指示、后加速保护动作、重合闸动作指示、电流保护动作。

保护装置为综合自动化考虑,当钥匙切换开关在"就地"位置时,动作指示灯(除"电源""充电")动作后,需当地通过键盘手动复归,当钥匙切换开关在"远方"位置时,动作指示灯(除"电源""充电")动作后,将自动复归,无需远方复扫。但"电源""充电"指示灯不受此切换开关控制,由装置运行状态决定。

2. 馈线保护装置的监测功能

(1)测量功能

监测装置可实时测量线路的各种电气量并在当地进行显示,亦可通过通信接口,可随时将当地测量参数内容上传上位机。

电气量内容:各相电流;各相电压/线电压;各相有功、无功功率,总有功、总无功功率,各相视在功率、总视在功率;功率因数及频率。

以上测量值均为线路一次侧实时有效值。

(2)遥信功能

保护装置可提供给用户八路无源开关量输入,SOE 分辨率 2 ms,可通过显示屏观察其位置状态,用户可通过通信通道读取开关量的状态。

（3）遥控功能

保护装置提供给用户 3 个遥控继电器，其中两个用于分、合断路器，这两个继电器已和装置内部的操作回路连接好，通过操作回路进行分、合断路器，另外一个继电器的接点已引到端子排上，提供用户使用。控制回路中的"远方/就地"钥匙切换开关，可将远方遥控和就地分/合断路器进行相互闭锁。

（4）故障录波

保护装置在线路故障时，可由内部编程触发，对 8 个模拟通道进行故障录波，故障前后的波形最多可采集 36 个周波，用户通过通信对波形进行数据采集，通过上位机 SCADA 系统进行画面处理，产生波形图。

（5）事件记录功能

保护装置可记录 100 个带有时间标志的事件记录，内容有：

①保护动作类型及数值；

②装置告警内容；

③开关量状态；

④控制回路监视（如钥匙切换位置、"就地/远方"的分/合位置、断路器的偷跳、外部闭锁分/合、控制回路断线、硬压板的投退情况及外部其他保护跳本断路器情况等）。

第二节　接触网故障测距装置

一、接触网故障测距原理

电气化铁路接触网线路长，运行条件恶劣，故障率高，发生各种短路故障时，故障点精确测距是缩短事故检修时间、保证安全供电的重要技术手段。接触网故障测距装置是牵引变电所重要的自动装置。

牵引网的供电方式不同，采用的故障测距原理方法也不同，对于单线直接供电和 BT 牵引网，故障测距原理主要是电抗距离表法，而在复线运行时采用的是上下行电抗比法。对于 AT 供电方式，主要有 AT 中性点吸上电流比法、吸馈电流比和上下行电流比法。

1. 直接和 BT 供电方式测距原理

电气化铁路直接供电方式如图 5-16 所示。其中图 5-16(a) 为直接供电的单线形式，图 5-16(b) 为直接供电的复线方式，图 5-16(c) 为下行全并联直接供电方式，上下行间由隔离开关并联连接。

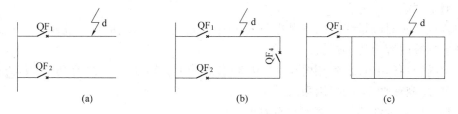

图 5-16　直接供电牵引网示意图

（1）单线直接供电方式

由于直接供电牵引网可以等效为 RL 电力线路，供电臂存在着区间和站场，因而在各分段，牵引网阻抗具有不同的单位阻抗特性，但是在局部分段，如在区间上的一段，牵引网状况具有一致性,在该段可以采用均匀单位阻抗计算。牵引网短路时,可能存在一定的过渡电阻,根据电力系统知识,可以只考虑线路的电抗和距离关系进行故障定位,如图5-17所示。

（2）复线直接供电方式

直接供电方式下的复线方式一般在分区所并联,如图5-16(b)所示。当短路发生时,上下行互阻抗的影响不能忽略,如图5-18所示。

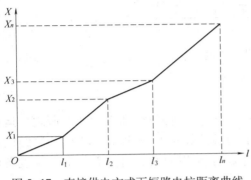

图5-17　直接供电方式下短路电抗距离曲线

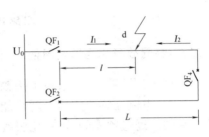

图5-18　复线直接供电牵引网

当上下行线路参数均匀时(一般情况可以认为成立),根据测距原理,故障点距离为

$$l = 2L \frac{Z_1}{Z_1 + Z_2}$$

上式即为现行常用的复线直接供电方式下的测距原理。式中,Z_1、Z_2分别为上行、下行测量阻抗。在上下行牵引网不满足对称条件时,上式不能满足要求。一些文献对这种情况进行了分析,并提出了解决方式,在此不再赘述。

（3）复线全并联直接供电方式

在我国哈大线首次采用牵引网单边全并联供电,即同一方向上下行由一台断路器供电且接触悬挂(含加强线)在每个车站都实施一次横向电连接,从而实现接触网的低阻抗,减少电压损失和增强供电能力,改善供电质量,如图5-16(c)所示。列车在上、下行间运行时无电位差,不会拉电弧,避免烧损受电弓和分段绝缘器。哈大线的故障测距有一定的特点,通过接触网检测系统来进行故障测距,当发生故障时,保护动作后通过远动设备将各个并联点的开关断开,从而形成单线状况,然后将上行馈线合闸到接触网检测系统,通过检测系统判断故障是否发生在上行线,如果上行线没有检测到故障状态,再将检测系统合闸到下行线进行检测,从而找到故障点。这样进行故障定位需要状态良好的远动系统,所需的时间也会比较长,造成线路长时间处于断电状态。

值得指出的是,由于故障大多是瞬时性故障,单侧重合闸的时候,故障已经消失,因而不能有效找到短路点,形成故障隐患。

2. AT供电方式测距原理

AT供电方式如图5-19所示,这种供电方式电压等级高,可减少牵引变电所的数目,在我国未来的高速铁路中,AT供电方式将得到很好的发展。在既有的实际AT供电线路中,一般采用末端分区所(SP)并联运行的方式,也有单线运行的方式,检修的时候,可以在开闭所(SSP)进行并联,另外还存在天窗运行方式。由于在T线和F线之间并联有一系列AT,使牵引网阻抗距离关系非线性,在直接供电线路中采用的电抗测距原理不能应用于该种供电方式,可采用 AT 中性点吸上电流比法、复线上下行电流比法及吸馈电流比法、电抗法综合测距等原理。

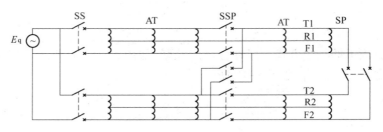

图 5-19　AT 供电牵引网示意图

二、接触网故障测距精度调整

对于故障测距系统来说,由于接触网运行现场条件千变万化,和实际变电所现场运行的电压互感器、电流互感器的精确度可能存在一定的误差等原因,各种原理构成的测距误差是必然存在的。通过预先的试验,克服各种因素的影响,可以对装置自身和外部一次设备可能存在的精度不准确进行精度调整。

实际上,故障测距是比较复杂的。为了提高故障测距的精确度,应该做到下面四个方面:

(1)要求设计院提供详细的原始资料。该资料包括:馈出线的单位阻抗,馈出线的长度,按照变电所供电臂实际走向来详细划分区间的单位自阻抗,互阻抗,区间长度,然后是站场的单位自阻抗,互阻抗,站场长度,一直到分区亭为止。

(2)通过上述原始资料进行定值表整定,段数按照实际情况来划分。

(3)通过短路试验(三次短路试验,区间起点金属性和非金属性短路试验以及该区间末端金属性短路试验)来修正 PT 和 CT 的角差、区间的单位阻抗。重新修改故障测距定值表。

(4)通过实际短路故障情况来修正故障测距定值表。

其中,第(4)点在实际工作中最为重要,有运行经验的变电所和调度所,通过这种方法,可以大大提高故障测距的精确度。

第三节　备用电源自动投入装置

对于具有一级负荷或重要的二级负荷的变、配电所,为保证对重要负荷的不间断供电,常采用备用电源自动投入装置(APD),备用电源自动投入是保证电力系统连续可靠供电的重要措施。如图 5-20 所示是各种典型主接线形式中 APD 装设的位置。系统有一个工作电源和一个备用电源,APD 装在备用电源的进线开关(如断路器)上,如图 5-20(a)所示。正常运行时备用电源断路器断开,当工作电源因故障或其他原因切除后,其断路器断开,备用电源在APD 作用下自动投入。

对具有两个独立工作电源分别供电的单母线分段运行的变电所,APD 应装设在母线分段开关(如断路器)上,如图 5-20(b)、(c)所示。正常运行时,分段开关断开,两个电源分别给两段母线供电。当两相电源中任一个电源失电时,母线上的分段断路器在 APD 的作用下自动投入,由另一电源继续供电给全所的重要负荷。因此互为备用的电源容量必须满足一级负荷和重要的二次负荷的需要。

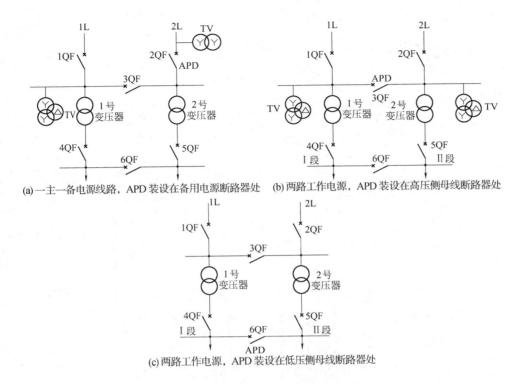

(a) 一主一备电源线路，APD 装设在备用电源断路器处
(b) 两路工作电源，APD 装设在高压侧母线断路器处
(c) 两路工作电源，APD 装设在低压侧母线断路器处

图 5-20 APD 装设的位置示意图

如图 5-21 所示是牵引变电所典型主接线图，简称"双 T"接线，110 kV 侧采用两个独立电源带两台相同规格的主变压器，两个电源和两台主变互为备用，正常工作状态中，只有一个电源和一台主变运行，27.5 kV 母线不分段。若工作电源(或主变)不论何种原因而断开，另一个电源(或主变)能自动投入恢复供电。装设 APD 可以大大地缩减用电负荷的停电时间，减少值班人员的工作量和减少误操作的可能性，APD 是牵引变电所重要的自动装置。

牵引变电所的 APD 装在电源进线开关(如断路器)上，正常运行时备用电源断路器断开，当工作电源因故障或其他原因切除后，其断路器断开，备用电源在 APD 作用下自动投入。

一、对备用电源自动投入装置的基本要求

对 APD 有下列基本要求：
（1）工作电源不管什么原因(故障或误操作)失压时，APD 应可靠地动作。
（2）备用电源必须在工作电源已经断开，且备用电源有足够高电压时，APD 才允许投入。
（3）APD 的动作应尽量快，以缩短停电时间。
（4）只允许 APD 动作一次，以避免将备用电源投入到永久性故障上去(如母线短路)
（5）当电压互感器任一个熔断器熔断时，APD 不应该启动。
（6）手动跳开工作电源时，APD 不应动作。
（7）应设置 APD 闭锁的功能。每套备用自动投入装置均应设置有闭锁备用电源自动投入的逻辑回路，以防止备用电源投到故障的元件上，造成事故扩大的严重后果。

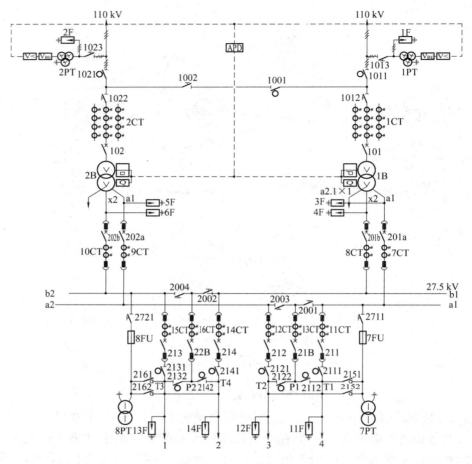

图 5-21　牵引变电所主接线示意图

二、备用电源自动投入装置的构成原理

微机型备用电源自动投入装置由硬件和软件两部分构成,其结构形式和微机继电保护装置基本相同。

APD 硬件一般由 4 个插件及面板上的人机对话板(MMI 板)组成。4 个插件是交流插件、CPU 板、电源板、继电器输出板。

APD 软件部分根据用户的需要进行设计。

1. 和传统保护相比,微机保护装置具有什么优越性?
2. 说明传统保护和微机保护装置是怎样实现过电流保护功能的。
3. 对照图 5-21 简述备用电源自动投入装置的工作原理。

第六章
变电所综合自动化系统数据通信

【预备知识】

　　变电所综合自动化系统中各个微机保护控制装置和其他智能电子设备通过网络进行连接，通信网络是变电所综合自动化核心内容之一，只有确保通信网络的畅通，才能实现变电所综合自动化的数据交换。如图6-1所示为变电所自动化系统的站内局域网通信网络示意图。

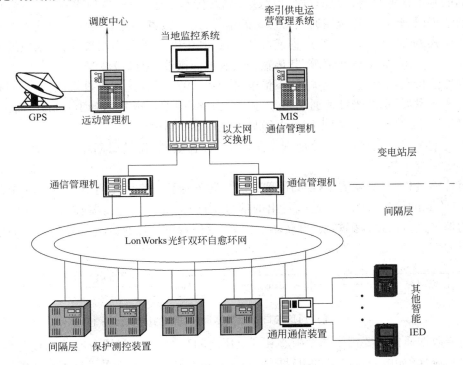

图6-1　变电所自动化系统的站内局域网通信网络

【推荐学习环境】

1. 变电所综合自动化实训室；
2. 真实变电所；
3. 计算机网络实训室。

【知识学习目标】

通过本章课程的学习，您将可以掌握以下知识：

1. 数据通信基本概念；
2. 串行通信和并行通信基本概念；
3. 现场总线概念与应用；

4. 通信规约与安全措施。

第一节　数据通信概述

数据通信是计算机和通信相结合而产生的一种新的通信方式,它是各类计算机网络赖以建立的基础。通信的基本目的是在信息源和受信者之间交换信息,信息源、受信者及传输通道是通信的三要素。信息源是产生和发送信息的地方,如保护、测控单元,受信者是接收和使用信息的地方,传输通道是信息源和受信者的桥梁。对于计算机网络系统,信息源和受信者的角色并不是固定不变的,它们有时互换角色,但在交换信息的某一瞬间,总是有一个是信息源而另一个是受信者。

一、通信概述

通信的基本任务是将信息源进行信源编码后,传给发送设备,再由发送设备将待发送信息进行信道编码,转换成适合在通道中传送的信号,送入通道。通道是信号传输的媒介,它可以是有线形式,如载波通道、光纤通道或电话线等,其传输介质采用双绞线、同轴电缆或光纤;也可以是无线通道,如微波通道等,其传输介质有地面微波、卫星微波等。

光纤通信特点是容量大、成本低,不怕电磁干扰,1977 年在芝加哥投入运行,发展相当快。由于新技术的发展,每芯光纤的通话路数可达百万路,中继距离将达到 100 km。而一芯架空明线只可传输 12 路电话,一根小同轴电缆只可传输 600 路电话。

卫星通信特点是距离远,不受地理位置的限制,容量大,建设周期短,可靠性高。一般不在牵引供电系统中使用。

通道传输过程中,受到的干扰可用等效噪声源来表示。信号在通道传输过程中,由于干扰,接收端收到的信号可能与发送端发出的信号不同,因此需要进行差错检查。接收设备把接收到的信号进行信道译码转换,并传给受信者,受信者再把接收到的信号进行信源译码,转换成对应的信息,如图 6-2 所示。

图 6-2　通过通信接口完成数据通信功能的结构示意图

远距离数据通信主要用于调度中心和变电所之间数据通信,如果分布式的设备离变电所或调度中心较远(如电力线路上的电动隔离开关和负荷开关),也需采用远距离数据通信方式对设备进行控制,远距离数据通信基本模型如图 6-3 所示。

图 6-3　远距离数据通信示意图

二、变电所综合自动化系统通信的内容

变电所综合自动化系统通信包括两个方面的内容:一是变电所内部各部分之间的信息传递,如保护动作信号传递给中央信号系统报警;二是变电所与操作控制中心的信息传递,即远动通信。向控制中心传送变电所的实时信息,如:电压、电流、功率的数值大小、断路器位置状

态、事件记录等;接收控制中心的断路器操作控制命令以及查询和其他操作控制命令。

变电所综合自动化系统是由三个层次组成的,即设备层、间隔层和变电所层,如果将变电所与上级调度归纳在内的话,还有一个调度层,各层次之间、各层次的内部及变电所与上级调度之间均需进行数据通信。在综合自动化系统中,其通信功能包括变电所内部的通信和自动化系统与上级调度的通信两部分。

(一)综合自动化系统与上级调度的通信

变电所综合自动化将站内继电保护、监控系统、信号采集、远动系统等结合为一个整体,将变电所的二次设备经过功能组合和优化设计,利用现代电子技术、通信技术和信号处理技术,实现对全变电所的主要设备和输、配电的自动监视、测量、自动控制和微机保护以及与调度通信等综合性的自动化功能。

(二)综合自动化系统的现场级通信

综合自动化系统的现场级通信,主要解决综合自动化系统内部各子系统与上位机(监控主机)之间的数据通信和信息交换问题,其通信范围是在变电所内部。对于集中组屏的综合自动化系统来说,实际是在主控室内部;对于分散安装的综合自动化系统来说,其通信范围扩大至主控室与子系统的安装地(如断路器屏柜间),通信距离加长了。综合自动化系统现场级的通信方式有并行数据通信、串行数据通信、局域网络和现场总线等。

分层分布式自动化系统中需要传输的信息有如下几种。

1. 设备层与间隔层(单元层)间的信息交换

间隔层中的信息交换主要来源于间隔层中的控制、测量、保护等单元,大多数需要从设备层通过电压和电流互感器,采集正常和事故情况下的电压值和电流值,采集设备的状态信息和故障诊断信息,这些信息包括:断路器和隔离开关位置、主变压器分接头位置,变压器、互感器、避雷器的诊断信息以及断路器操作信息等。

2. 间隔层内部的信息交换

同一个间隔层内部的信息交换主要有保护、控制、监视、测量数据,如测量数据、断路器状态、变压器的运行状态、电源同步采样信息等。

3. 间隔层之间的通信

不同间隔层之间的数据交换有主、后备继电保护工作状态、互锁,相关保护动作闭锁、电压无功综合控制装置工作状态等信息。

4. 间隔层和变压所层的通信

间隔层和变电所层的通信内容很丰富,概括起来有以下三类。

(1)测量及状态信息。正常和事故情况下的测量值,断路器、隔离开关、主变压器分接开关位置、各间隔层运行状态、保护动作信息等。

(2)操作信息。断路器和隔离开关的分、合命令,主变压器分接头位置的调节,自动装置的投入与退出等。

(3)参数信息。微机保护和自动装置的整定值等。

5. 变电所层的内部通信

综合自动化系统应具有与电力系统调度中心通信的功能,不另设独立的 RTU 装置,综合自动化系统的上位机(集中管理机)必须兼有 RTU 的全部功能。把变电所需要测量的模拟量、电能量、状态信息和 SOE(事故顺序记录)等类信息传送至调度中心,这些信息是变电所和调度中心共用的。

远距离数据通信主要用于调度中心和变电所之间数据通信,如果分布式的设备离变电所或调度中心较远(如电力线路上的电动隔离开关和负荷开关),也需采用远距离数据通信方式对设备进行控制。

(三)信息传输响应速度的要求

不同类型和特性的信息要求传送的时间差异很大,其具体内容如下。

1. 经常传输的监视信息

(1)对变电所运行状态的监视,需要采集母线电压、电流、有功功率、无功功率、功率因数、零序电压、频率等参数,这类信息需要经常传送,响应时间需满足 SCADA 系统的要求,一般不宜大于 2 s。

(2)对有功电能量和无功电能量的计量用信息,传送的时间间隔可以较长,传送的优先级可以较低。

(3)对于变电所层数据库的刷新,可以采用定时召唤方式,定时采集断路器的状态信息、继电保护装置和自动装置投入和退出的工作状态信息。

2. 突发事件产生的信息

(1)系统发生事故的情况下,需要快速响应的信息,例如:事故时断路器的位置信号,这种信号要求传输时延最小,优先级最高。

(2)正常操作时的状态变化信息(如断路器状态变化)要求立即传送,传输响应时间要小,自动装置和保护装置的投入和退出信息,要及时传送。

(3)故障情况下,继电保护动作的状态信息和事件顺序记录,这些信息作为事故后分析事故之用,不需要立即传送,待事故处理完再送即可。

(4)故障时的故障录波,带时标的扰动记录的数据,这些数据量大,传输时占用时间长,也不必立即传送。

(5)控制命令、升降命令、继电保护和自动设备的投入和退出命令,修改定值命令的传输不是固定的,传输的时间间隔比较长。

(6)在高压电气设备内装设的智能传感器和智能执行器,可以高速地和自动化系统间隔层的设备交换数据,这些信息的传输速率取决于正常状态时对模拟量的采样速率以及故障情况下快速传输的状态量。

三、变电所综合自动化系统通信的特点与要求

变电所的特殊环境和综合自动化系统的要求使变电所综合自动化系统内的数据网络具有以下特点和要求。

1. 快速的实时响应能力

变电所综合自动化系统的数据网络要及时地传输现场的实时运行信息和操作控制信息,网络必须很好地保证数据通信的实时性。

2. 很高的可靠性

电力系统是连续运行的,数据通信网络也必须连续运行,通信网络的故障和非正常运行会影响整个变电所综合自动化系统的协调工作,严重时甚至会造成设备和人身事故、造成很大的损失,因此变电所综合自动化系统的通信系统必须保证很高的可靠性。

3. 优良的电磁兼容性能

变电所是个具有强电磁干扰的环境,存在电源、雷击、跳闸等强电磁干扰和地电位差干

扰,通信环境恶劣,数据通信网络须采取相应的措施消除这些干扰的影响。

4. 分层式结构

通信系统的分层造就了分层分布式结构的变电所综合自动化系统,系统的各层次又各自具有特殊的应用条件和性能要求,因此每一层都要有合适的网络系统。设备层和间隔层多采用现场总线,变电所层多采用局域网。

系统通信网络应采用符合国际标准的通信协议和通信规约,应建立符合变电所综合自动化系统结构的计算机间的网络通信,根据变电所自动化系统的实际要求,在保证可靠性及功能要求的基础上,尽量注意开放性及可扩充性,并且所选择的网络应具有一定的技术先进性和通用性,尽量采用规范化、符合国际标准的通信协议和规约。系统可选用应用于 RS-485 网络的 IEC61870-5-103 规约、应用于 PROFIBUS 的 MMS 行规以及应用于 TCP/IP 上的 MMS 行规,它们都具有可靠性、可互操作性、安全性、灵活性等特点。

第二节 串行数据通信及其接口

一、通信概述

(一)数据通信方式

数据通信的基本方式可分为两种:并行通信与串行通信。并行通信是指利用多条数据传输线将一个数据的各位同时传送,特点是传输速度快,适用于短距离通信。串行通信是指利用一条传输线将数据一位一位地顺序传送,特点是通信线路简单,利用电话线路就可实现通信,降低成本,适用于远距离通信,但传输速度慢。

1. 并行数据通信

并行数据通信是指单个数据的各位同时传送,如图 6-4 所示。

其特点如下:

(1)并行传输速度快,有时可高达每秒几十、几百兆字节,适合高速数据交换的系统。

(2)并行数据传送的软件简单,通信规约简单。

(3)并行传输信号线多,成本高。并行传输除了需要数据线外,往往还需要一组状态信号线和控制信号线,数据线的根数等于并行传输信号的位数。

并行传输常用在传输距离短,传输速度要求高的场合。早期的变电所综合自动化系统,多为集中组屏式,由于受当时通信技术和网络技术等具体条件的限制,变电所内部通信大多采用并行通信。

2. 串行数据传输

串行通信是指单个数据一位一位顺序地传送,如图 6-5 所示。

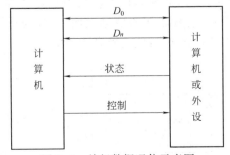

图 6-4 并行数据通信示意图

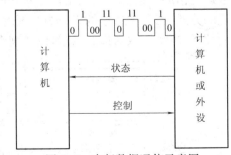

图 6-5 串行数据通信示意图

其特点如下：

（1）串行通信数据可以分时使用同一传输线，故串行通信最大的优点是可以节约传输线，特别是当位数很多和远距离传送时，这个优点更为突出，这不仅可以降低传输线的投资，而且简化了接线。

（2）串行通信的缺点是传输速度慢，且通信软件相对复杂些。因此适合于远距离的传输，数据串行传输的距离可达数千千米。

在变电所综合自动化系统内部，各种自动装置间或继电保护装置与监控系统间，为了减少连接电缆，简化配线，降低成本，常采用串行通信。

（二）通信系统的工作方式

数字通信系统的工作方式按照信息传送的方向和时间，可分为单工通信、半双工通信、全双工通信三种方式，如图6-6所示。

图6-6　数据传送方式

在计算机串行通信中主要使用半双工和全双工方式。

单工通信是指信息只能按一个方向传送的工作方式，如图6-7所示。

图6-7　单工通信示意图

半双工通信是指信息可以双方向传送，但两个方向的传输不能同时进行，只能交替进行，如图6-8所示。

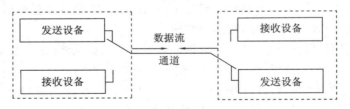

图6-8　半双工通信示意图

全双工通信是指通信双方同时进行双方向传送信息的工作方式，如图6-9所示。这种工作方式速度最快，是高速数据通信首选的工作方式。

数据通信的传输方式与其工作方式是两个不同的概念，数据通信的传输方式是指单个数据流通的方式，而数据通信的工作方式是指信息源和受信者之间的信息交换方式，与通道有直接的关系，当采用双通道时，就可以实现全双工通信工作方式，从而提高通信的速度。

图6-9　全双工通信示意图

二、数据串行通信方式

数据串行通信分为两种方式:异步通信(ASYNC)与同步通信(SYNC)。

1. 异步通信协议

异步通信是一种很常用的通信方式。异步通信在发送字符时,所发送的字符之间的时间间隔可以是任意的。当然,接收端必须时刻做好接收的准备(如果接收端主机的电源都没有加上,那么发送端发送字符就没有意义,因为接收端根本无法接收)。发送端可以在任意时刻开始发送字符,因此必须在每一个字符的开始和结束的地方加上标志,即加上开始位和停止位,以便使接收端能够正确地将每一个字符接收下来。异步通信的好处是通信设备简单、便宜,但传输效率较低(因为开始位和停止位的开销所占比例较大)。

例如,以异步通信方式传送一个字符的信息格式包含起始位、数据位、奇偶校验位、停止位等,其中各位的意义如图 6-10 所示。

图 6-10　异步通信协议

(1)起始位:先发出一个逻辑"0"信号,表示传输字符的开始。

(2)数据位:紧接着起始位之后。数据位的个数可以是 5、6、7、8 等,构成一个字符。通常采用 ASCII 码。从最低位开始传送,靠时钟定位。

(3)奇偶校验位:数据位加上这一位后,使得"1"的位数应为偶数(偶校验)或奇数(奇校验),以此来校验数据传送的正确性。

(4)停止位:它是一个字符数据的结束标志。可以是 1 位、1.5 位、2 位的高电平。

(5)空闲位:处于逻辑"1"状态,表示当前线路上没有数据传送。

波特率是衡量数据传送速率的指标。表示每秒钟传送的二进制位数。例如数据传送速率为 120 字符/s,而每一个字符为 10 位,则其传送的波特率为 $10 \times 120 = 1\ 200$ bit/s。

2. 同步通信协议

同步通信以一个帧为传输单位,每个帧中包含有多个字符。在通信过程中,每个字符间的时间间隔是相等的,而且每个字符中各相邻位代码间的时间间隔也是固定的。同步通信的数据格式如图 6-11 所示。

图 6-11　同步通信协议

同步通信的规约有以下两种:

(1)面向比特(bit)型规约

以二进制位作为信息单位。现代计算机网络大多采用此类规程。最典型的是 HDLC(高级数据链路控制)通信规约。

(2)面向字符型规约

以字符作为信息单位,字符是 EBCD 码(扩充的二—十进制交换码)或 ASCII 码(American Standard Code for International Interchange,美国国家标准资讯交换码）。最典型的是 IBM 公司的二进制同步控制规约（BSC 规约），在这种控制规程下，发送端与接收端采用交互应答式进行通信。

三、信号传输方式

1. 基带传输方式

这种方式下，在传输线路上直接传输不加调制的二进制信号，如图 6-12 所示。它要求传送的频带较宽，传输的数字信号是矩形波。基带传输方式仅适宜于近距离和速度较低的通信。

2. 频带传输方式

在长距离通信时，发送方要用调制器把数字信号转换成模拟信号，接收方则用解调器将接收到的模拟信号再转换成数字信号，这就是信号的调制解调。

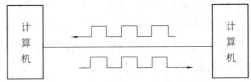

图 6-12　基带传输方式

实现调制和解调任务的装置称为调制解调器（Modem）。采用频带传输时，通信双方各接一个调制解调器，将数字信号寄载在模拟信号（载波）上加以传输。因此这种传输方式也称为载波传输方式，这时的通信线路可以是电话交换网，也可以是专用线。

常用的调制方式有三种：调幅、调频和调相，如图 6-13 所示。

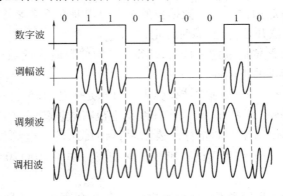

图 6-13　调幅、调频和调相波形

四、串行接口标准

串行接口标准指的是计算机或终端（数据终端设备 DTE）的串行接口电路与调制解调器 Modem 等（数据通信设备 DCE）之间的连接标准。常用的串行通信接口有：RS-232C 接口、RS-422/422A、RS-485 接口。

1. RS-232C 标准

RS-232C 是在串行通信中广泛应用的接口标准。它是由美国电子工业协会（EIA）制定的，又称为 EIA-232。RS 是英文"推荐标准"一词的缩写，232 是标识号，C 表示此标准修改的次数。

RS-232C 主要用于数据终端设备（DTE）和数据通信设备（DCE）的接口。微型计算机之间的串行通信就是按照 RS-232C 标准设计的接口电路实现的。如果使用一根电话线进行通信，那么计算机和 Modem 之间的连线就是根据 RS-232C 标准连接的，其连接及通信原理如图

6-14 所示。

RS-232C 定义了 DTE 设备与 DCE 设备之间接口的机械、电气及功能特性。

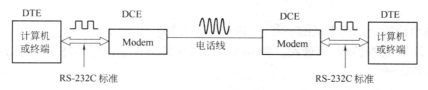

图 6-14　RS-232C 连接及通信原理

（1）机械特性

RS-232C 标准规定采用一对物理连接器和电缆进行连接。连接器的实现主要有 DB-25 和 DB-9 两种,分为阳性和阴性。阳性连接头（也叫公插头、针式插头）是指电缆中每根导线都与插头中的一根针相连的连接头。阴性连接头（也叫母插头、孔式插头）是指电缆中每根导线都与插头中的一个金属管或鞘相连的连接头。

在 DB-25 连接头中,这些针或孔被排成两排,上面 13 个下面 12 个。在 DB-9 连接头中上面 5 个下面 4 个。一般在 DTE 侧（计算机侧）采用阳性连接头,如图 6-15 所示。

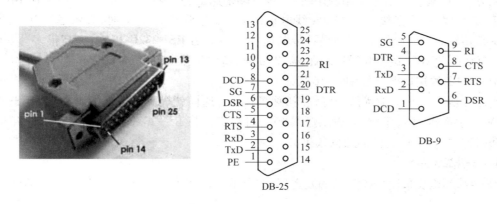

图 6-15　DB-25 和 DB-9 连接头

（2）电气特性

标准的电气规范规定了在 DTE 设备和 DCE 设备之间任何一个方向上传输数据所采用的电压值和信号类型。数据信号以逻辑 1 和 0（称为传号和空号）形式传输,其中 0 对应正电压而 1 对应负电压。数据要被识别出来,对应的电压值必须在 3~15 V 或-15~-3 V 之间。其他的控制、时序等信号高于+3 V 为逻辑 1,低于-3 V 为逻辑 0。

① 信号线。RS-232C 标准规定接口有 25 根连线。只有以下 9 个信号经常使用。

引脚和功能分别如下:

TXD（第 2 脚）:发送数据线,输出。发送数据到 Modem。

RXD（第 3 脚）:接收数据线,输入。接收数据到计算机或终端。

$\overline{\text{RTS}}$（第 4 脚）:请求发送,输出。计算机通过此引脚通知 Modem,要求发送数据。

$\overline{\text{CTS}}$（第 5 脚）:允许发送,输入。发出CTS作为对RTS的回答,计算机才可以进行发送数据。

$\overline{\text{DSR}}$（第 6 脚）:数据装置就绪（即 Modem 准备好）,输入。表示调制解调器可以使用,该信号有时直接接到电源上,这样当设备连通时即有效。

GND(第 7 脚):接地。

DCD(第 8 脚):载波检测(接收线信号测定器),输入。表示 Modem 已与电话线路连接好。

如果通信线路是交换电话的一部分,则至少还需如下两个信号:

RI(第 22 脚):振铃指示,输入。Modem 若接到交换台送来的振铃呼叫信号,就发出该信号来通知计算机或终端。

$\overline{\text{DTR}}$(第 20 脚):数据终端就绪,输出。计算机收到 RI 信号以后,就发出$\overline{\text{DTR}}$信号到 Modem 作为回答,以控制它的转换设备,建立通信链路。

② 逻辑电平。RS-232C 标准采用 EIA 电平,正电压为 3~15 V,负电压为-15~-3 V,也就是说,逻辑 1 用 3~15 V 电压表示,0 用-15~-3 V 电压表示。一般在 PC 串行适配卡上设计有电平转换电路,将 TTL 电平转换成 RS-232 电平或反之。

2. RS-423A 总线

为了克服 RS-232C 的缺点,提高传送速率,增加通信距离,同时考虑到与 RS-232C 的兼容性,美国电子工业协会在 1987 年提出了 RS-423A 总线标准。RS-423A 标准优点是采用平衡传输方式,传输一个信号要用两条线,在接收端采用了差分输入。当 AA 线电平比 BB 线电平低于-2 V 时,表示逻辑"1";当 AA 线电平比 BB 线电平高于+2 V 时,表示逻辑"0"。由于采用平衡传输,抗干扰能力大大加强,传输速度和性能与 RS-232C 相比,提高很多。如距离可达 1 200 m,速率可达 100 kbit/s;距离 12 m 时,速率可达 10 Mbit/s。

RS-423A 的接口电路如图 6-16 所示。

而差分输入对共模干扰信号有较高的抑制作用,这样就提高了通信的可靠性。RS-423A 用-6 V 表示逻辑"1",用+6 V 表示逻辑"0",可以直接与 RS-232C 相接。采用 RS-423A 标准以获得比 RS-232C 更佳的通信效果。

3. RS-422A 总线

RS-422A 总线采用平衡输出的发送器,差分输入的接收器,如图 6-17 所示。

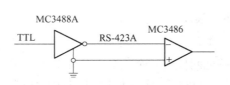

图 6-16　RS-423A 接口电路

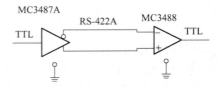

图 6-17　RS-422A 平衡输出差分输入图

RS-422A 的输出信号线间的电压为±2 V,接收器的识别电压为±0.2 V,共模范围±25 V。在高速传送信号时,应该考虑到通信线路的阻抗匹配,一般在接收端加终端电阻以吸收掉反射波,电阻网络也是平衡的,如图 6-18 所示。

4. RS-485 总线

由于 RS-422A 在全双工通信时,需要 4 根传输线,增加连接线,有时很不方便。为减少连接线,又为保留平衡传输特点提供可能,因此又由 RS-422 标准变形为 RS-485 标准。

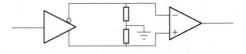

图 6-18　在接收端加终端电阻图

RS-485 的电气特性同 RS-422 相似,它与 RS-422 不同之处在于:RS-422 为全双工,RS-485 为半双工。RS-485 用于多站互连非常方便,可节约昂贵的信号线,同时可高速远距离传送。因此,目前在变电所综合自动化系统中,各测量单元、自动装置和保护单元中,常配有RS-485 总线接口,以便联网构成分布式系统。

RS-485 适用于收发双方共用一对线进行通信,也适用于多个点之间共用一对线路进行总线方式联网,通信只能是半双工的,线路如图 6-19 所示。

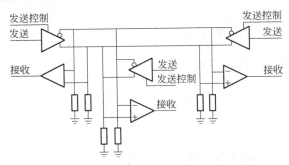

图 6-19　使用 RS-485 多个点之间共用一对线路过行总线方式联网

典型的 RS-232 到 RS-422/485 转换芯片有:MAX481/483/485/487/488/489/490/491,SN75175/176/184 等,它们均只需单一路+5 V 电源供电即可工作。

第三节　变电所信息传输的通信规约

为了保证通信双方能正确、有效、可靠地进行数据传输,在通信的发送和接收的过程中有一系列的规定,以约束双方进行正确、协调的工作,这些规定称为数据传输控制规程,简称为通信规约。

一、变电所自动化系统的通信网络

不同类型的变电站对自动化系统的通信网络有不同的要求,变电站自动化系统实质上是由多台微机组成的分层分布式控制系统,包括微机监控、微机保护、电能质量自动控制等多个子系统。在各个子系统中,往往又由多个智能模块组成。例如在微机保护子系统中,有变压器保护、电容器保护、各种线路保护等。因此在变电所自动化系统内部,必须通过内部数据通信,实现各子系统内部和各子系统之间的信息交换和信息共享,以减少变电所二次设备的重复配置并简化各子系统的互连,既减少了重复投资,又提高了系统整体的安全性和可靠性。

变电站内通信网络传输时间要求:设备层和间隔层之间、间隔内各设备之间、间隔层各间隔单元之间为 1~100 ms,间隔层和变电所层之间为 10~1 000 ms,变电所层各设备之间、变电所和控制中心之间为 1 000 ms。各层之间的数据流峰值为:设备层和间隔层之间数据流大概 250 kbit/s,取决于模拟量的采样速度,间隔层各单元之间数据流大概 60 kbit/s 或 130 kbit/s,取决于是否采用分布母线保护;间隔层和变电所层之间及其他链路之间数据流大概在 100 kbit/s 及以下。

间隔单元通过与一次开关设备、CT/PT 等设备接口完成保护、控制、数据采集,并通过间隔单元间的硬接点连接完成所内安全联锁功能。间隔单元与站级管理层设备之间通过所内通信网络组网进行数据交换,实现所内站级管理层设备的控制、监视、测量、数据管理、远程通信及远程维护等综合自动化管理功能。间隔单元不依赖于所内通信网,能独立完成本单元保护测控功能。

站级管理层应冗余配置远动通信单元,实现与调度所系统之间的通信,远动通信单元应具备双机热备用和自动切换功能。所内通信通过配置的网络,完成与各间隔单元的接口功能,实施对间隔单元的数据采集与控制输出,所内通信网络应达到工业级网络标准。

综合自动化系统与交直流系统、计量表计等其他智能设备之间的通信内容和规约在设计联络时确定。系统采取完善的防护措施,保证系统内外的隔离,防止将系统外部故障引入系统内部。牵引变电所应设置计量盘,计量表计型号在设计联络时确定。

二、内部数据通信网的选择

数据通信网是构成变电站自动化系统的关键环节,网络特性主要由拓扑结构、传输媒体、媒体存取方式来决定。

1. 35 kV 变电站通信网络

在小规模的 35 kV 变电站和 110 kV 终端变电所,可考虑使用 RS-422 和 RS-485 组成的网络;当变电所规模较大时应考虑选择现场总线网络。RS-422 和 RS-485 串口传输速率在 1 000 m 内可达 100 kbit/s,短距离速率可达 10 Mbit/s,RS-422 串口为全双工,RS-485 串口为半双工,媒介访问方式为主从问答式,属总线结构。这两个网络的不足在于接点数目比较少,无法实现多主冗余,有瓶颈问题,RS-422 的工作方式为点对点,上位机一个通信口最多只能接 10 个节点,RS-485 串口构成一主多从,只能接 32 个节点,此外有信号反射、中间节点问题。LonWorks 网上的所有节点是平等的,CAN 网可以方便地构成多主结构,不存在瓶颈问题,两个网络的节点数比 RS-485 扩大多倍,CAN 网络的节点数理论上不受限制,一般可连接 110 个节点。

2. 110 kV 变电站通信网络

中型枢纽 110 kV 变电站节点数一般为 40 个左右,多主冗余要求和节点数量增加使 RS-422 和 RS-485 难以胜任,现场总线却能得心应手。总线网将网上所有节点连接在一起,可以方便地增减节点;具有点对点、一点对多点和全网广播传送数据的功能;常用的有 LonWorks 网、CAN 网。两个网络均为中速网络,500 m 时 LonWorks 网传输速率可达 1 Mbit/s,CAN 网在小于 40 m 时达 1 Mbit/s,CAN 网在节点出错时可自动切除与总线的联系,LonWorks 网在监测网络节点异常时可使该节点自动脱网,媒介访问方式 CAN 网为问答式,LonWorks 网为载波监听多路访问/冲撞检测(CSMA/CD)方式,内部通信遵循 Lon Talk 协议。

CAN 网开销小,一帧 8 位字节的传输格式使其服务受到一些限制,LonWorks 网为无源网络,脉冲变压器隔离,具有强抗电磁干扰能力,重要信息有优先级。据近年国内数百个站的经验,LonWorks 网可作为目前一般中型 110 kV 枢纽变电站自动化通信网络。

CAN 总线通信接口中集成了 CAN 协议的物理层和数据链路层功能,可完成对通信数据的成帧处理,包括位填充、数据块编码、循环冗余校验、优先级判别等项工作。CAN 协议的一个最大特点是废除了传统的站地址编码,而对通信数据块进行编码。采用这种方法的优点可使网络内的节点个数在理论上不受限制,数据块的标识码可由 11 位或 29 位二进制数组成,数据段长度最多为 8 个字节,可满足工业领域中控制命令、工作状态及测试数据的一般要求。8 字节不会占用总线时间过长,从而保证了数据通信的实时性。

3. 220 kV 及以上变电站通信网络

220~500 kV 变电站节点数目多,站内分布成百上千个 CPU,数据信息流大,对速率指标要求高(要求速率 130 kbit/s),LonWorks 网络的实时性、宽带和时间同步指标会力不从心,应考虑 Ethernet 网或 Profibus 网。Ethernet 网为总线式拓扑结构,采用 CSMA/CD 介质访问方式,传输速率高达 10Mbit/s,可容纳 1024 个节点,距离可达 2.5 km。物理层和链路层遵循 IEEE802.3 协议,应用层采用 TCP/IP 协议。

三、变电站自动化系统传输规约

和变电站自动化系统的网络标准化的要求相比,数据传输规约统一标准化的要求更为迫切。无论是站内不同厂家设备之间还是在和远方调度的连接中,由规约转换问题引起的软件编程成为实际工程调试量最大的项目,既耗费人力物力,运行维护也不方便,是目前自动化技术发展的一大问题。

1. 变电站和调度中心之间的传输规约

目前现场大多采用各种形式的规约如 CDT、SC-1801.u4F、DNP3.0 等,1995 年 IEC 为了在兼容的设备之间达到互换的目的,颁布了 IEC 60870-5-101 传输规约(即 101 规约),该规约为调度端和站端之间的信息传输制定了标准,今后变电站自动化设备的远方调度传输协议上应采用 101 规约。

2. 站内局域网的通信规约

目前各生产厂家基本上各作各的密码,造成不同厂家设备通信连接的困难和以后维护的隐患。IEC 在 1997 年颁布了 IEC60870-5-103 规约(即 103 规约),103 规约为继电保护和间隔层(IED)设备与变电站层设备间的数据通信传输规定了标准,今后变电所自动化站内协议要求采用 103 规约。

3. 电力系统电能计量传输规约

对于电能计量采集传输系统,IEC 在 1996 年颁布的 IEC 60870-5-102 标准(即 102 规约),是在实施变电站电能计量系统时需要遵守的。

上述的三个标准即 101、102、103 协议,运用于三层参考模型(EPA)即物理层、链路层、应用层结构之上,是相当一段时间里指导变电站自动化技术发展的三个重要标准。这些国际标准按照非平衡式和平衡式传输远动信息的需要制定,完全能满足电力系统中各种网络拓扑结构,得到了广泛的应用。

随着网络技术的迅猛发展,为满足网络技术在电力系统中的应用,通过网络传输远动信息,IEC TC57 在 IEC 60870-5-101 基本远动任务配套标准的基础上制定了 IEC 60870-5-104 传输规约,采用 IEC 60870-5-101 的平衡传输模式,通过 TCP/IP 协议实现网络传输远动信息,它适用于 PAD(分组装和拆卸)的数据网络。

随着技术的发展,光电 CT、PT 逐步取代电磁 CT、PT,过程层开始出现,网络结构分成 3 层,即变电站层、间隔层和过程层。变电所自动化和国际标准接轨,系统结构更趋合理。过程层完成 I/O、模拟量采集和控制命令的发送等,并完成与一次设备有关的功能,间隔层是利用本间隔数据对本间隔的一次设备产生作用,越来越多的间隔层功能下放到过程层;替代模拟传统保护原理的自适应保护将出现;变电所功能将扩展到设备在线监测、电能计费系统、部分配电自动化、无功自动补偿和遥视等。

不同类型的变电站对自动化系统的通信网络有不同的要求,在 35 kV 的变电所可以采用 RS-485 或现场总线作为站内系统网络;在 110 kV 变电所可以采用现场总线网络实现间隔层设备数据通信,当站控层设备较多时,变电所层可采用以太网连接;在 220~500 kV 的超高压变电所,由于站内节点数目多,应考虑使用以太网或 profibus 网。目前变电所自动化系统中使用的传输规约种类较多,各个公司的产品使用的标准尚不统一,系统互联和互操作性差,在变电所和控制中心之间应使用 101 规约,在变电所内部应使用 103 规约,电能量计量计费系统应使用 102 规约。新的国际标准 IEC61850 颁布实施之后,变电所自动化系统从过程层到控制中心将使用统一的通信协议。

四、常用通信规约

目前,在我国调度自动化系统中常用循环式远动规约(简称 CDT 规约)和问答式信息传输规约(简称 Polling 规约)两种规约。

1. CDT 规约

CDT 规约在 CDT 方式中,发端将要发送的信息分组后,按双方约定的规则编成帧,从一帧的开头至结尾依次向收端发送。全帧信息传送完毕后,又从头至尾传送。这种传送方式实际上是发端周期性的传送信息帧给收端,不要求收端给予回答,收端只是被动地接收。CDT 规定电网数据采集与监控系统中循环式远动规约的功能、帧结构、信息字结构相传输规则等。CDT 适用于点对点的远动通道结构及以循环字节同步方式传送远动信息的远动设备与系统,也适用于调度所间以循环式远动规约转发实时远动信息的系统。

CDT 规约的优点是:

(1)对通道要求不高,响应速度快,允许存在多个主站。

(2)由于不断上报现场数据,即使发生暂时通信失败丢失一些数据,当通信恢复正常后,被丢失的信息仍有机会上报,而不致造成显著危害,因此这种规约对通道的要求不高,适合于在我国质量比较差的通道环境下使用。

(3)采用信息字校验的方式,将整帧信息化整为零,当某个字符出错时,只需丢弃相应的信息字即可,而其他校验正确的信息字就可以接收处理,大大提高了传输数据的利用率,从而更加适合于在我国质量比较差的通道环境下使用。

(4)采用遥信变位优先插入传送的方式,大大提高了事故传送的相应速度,可以传送更大容量遥信和遥测信息。

CDT 规约的缺点是:必须采用双工通道,只能采用点对点方式连接。由于采用现场数据不断循环上报的策略,主机工作负荷大,对一般遥测量变化的响应速度慢。CDT 方式不了解调度端的接收情况和要求,只适用于点对点通道结构,对总线形或环形通道不适用循环传输。

2. Polling 规约

Polling 规约规定了电网数据采集和监视控制系统(SCADA)中主站和子站(远动终端)之间以问答方式进行数据传输的帧的格式、链路层的传输规则、服务用语、应用数据结构、应用数据编码、应用功能和报文格式。适用于网络拓扑结构为点对点、多个点对点、多点共线、多点环形和多点星形网络配置的远动系统中,可以是双工或半双工的通信。

Polling 规约的特点是:

(1)RTU 有问必答,当 RTU 收到主机查询命令后,必须在规定的时间内应答,否则视为本次通信失败。

(2)RTU 无问不答,当 RTU 未收到主机查询命令时,绝对不允许主动上报信息。

Polling 方式的主要特征是主控端发"查询"命令,受控端响应后传输数,因此传输信息的主动权在主控端。采用单工通道就可实现两端间问答式传递信息的功能。

Polling 规约的优点有:

（1）应答式规约允许多台 RTU 以共线的方式共用一个通道,这样有助于节省通道,提高通道占用率。对于区域工作站和为数众多的 RTU 通信的情形,这种方式是很合适的。

（2）应答式规约采用变化信息传送策略,从而大大压缩了数据块的长度,提高了数据传送速度。

（3）应答式规约既可以采用全双工通道,也可以采用半双工的通道;既可以采用点对点方式,又可以采用一点多址或环形结构,因此通道适应性强。

Polling 的主要缺点表现为:

（1）由于不允许主动上报,应答式规约对事故的响应速度慢,尤其是当通道的传输速率较低的情形(如采用配电线载波通信时),这个问题会更突出。

（2）由于采用变化信息传送策略,应答式规约对通道的要求较高,因为一次通信失败会带来比较大的损失。

（3）应答式规约往往来用整帧校验的方式。

（4）SCl801 规约的容量较小,Modbus 规约的对时间隔太短,这些不足均给使用带来较大困难。

（5）应答式规约一般仅允许多个从站和一个主站间进行数据传输。

受控端的紧急信息不能及时传给主控端,因此在实际应用中,要做一些灵活处理,例如对于遥信变位,子站 RTU 要主动上送。

五、通信的安全问题

对于电力系统这样一个要求高可靠性和安全稳定性的系统而言,安全问题尤其突出,因此对于变电所综合自动化系统的具体设计和实施而言安全问题十分重要。

可采用的技术措施分为两类:加密技术与防火墙。前者对网络中传输的数据进行加密处理,到达目的地址后再解密还原为原始数据,从而防止非法用户对信息的截取和盗用。防火墙技术通过对网络的隔离和限制访问等方法,来控制网络的访问权限,从而保证变电所综合系统的网络安全。

1. 数据加密技术

加密型网络安全技术是通过对网络中传输的信息进行数据加密来保障网络资源的安全性,加密技术是保证网络资源安全的技术基础,是一种主动安全防御策略。常用的加密方法有对称密钥加密和非对称密钥加密两种。从加密技术应用的逻辑位置来看,有面向网络和面向应用的两种,前者工作在网络层或传输层,它对网络链路上传输的所有数据都进行加密,因而对网络的性能会有一定的影响。

2. 防火墙技术

防火墙是一种访问控制技术,它用于加强两个或多个网络间的边界防卫能力。其工作方法是在公共网络和专用网络之间设立一道隔离墙,检查进出专用网络的信息是否被准许通过,或用户的服务请求是否被允许,从而阻止对信息资源的非法访问和非授权用户的进入,属于一种被动型防卫技术。建立防火墙时要求网络具有明确的边界和服务类型,这样才能够隔离内外网络,达到防护目的。通信是变电所综合自动化系统非常重要的基础功能。实现变电所综合自动化的主要目的不仅仅是用以微机为核心的保护和控制装置来代替传统变电所的保护和控制装置,关键在于实现信息交换。借助于通信技术,变电所信息得以相互交换信息和信息共享,提高了变电所运行的可靠性,减少了连接电缆和设备数量,实现变电所远方监视和控制,从整体上提高自动化系统的安全性和经济性,从而提高整个电网的自动化水平。采用先进的、标准的和成熟的通信网络技术,充分考虑网络的开放性、可扩充性等相关问题,对于变电所综合自动化尤为重要。

第四节　现场总线技术在变电所中的应用

现代化工业的不断进步,使得许多传感器、执行机构、驱动装置等现场设备,通过内置 CPU 控制器实现智能化控制。对于这些智能现场设备增加一个串行数据接口(如 RS-232/485)是非常方便的。有了这样的接口,控制器就可以按其规定协议,通过串行通信方式完成对现场设备的监控。如果设想全部或大部分现场设备都具有串行通信接口并具有统一的通信协议,控制器只需一根通信电缆就可将分散的现场设备连接,完成对所有现场设备的监控,这就是现场总线技术的初始想法。

现场总线技术近几年在变电所综合自动化中的间隔层得到广泛应用。如图 6-1 所示,通过总线通信,从现场采集的大量信息和数据被快速、准确、实时地上传到监控中心,同时由监控中心下达的控制命令也被准确无误地发送到控制单元,及时采取措施避免事故发生。传输高效、通信可靠、接口灵活的现场总线为信息繁杂、组态灵活、运行高速的分散式变电所自动化系统提供了通信上的保证,同时选择不同的通信方式、选择不同的现场总线也相应决定了整个变电所自动化系统的不同特点。现场总线控制系统既是一个开放通信网络,又是一种全分布控制系统。它作为智能设备的联系纽带,把挂接在总线上、作为网络节点的智能设备连接成网络系统,并进一步构成自动化系统,实现基本控制、补偿计算、参数修改、报警、显示、监控、优化及控管一体化的综合自动化功能。这是一项以智能传感器、控制、计算机、数字通信、网络为主要内容的综合技术。

现场总线具有集成性、开放性、重用性、智能性、分散性和适应性等优点,能有效地节省投资,减少安装设备费用和维护费用,提高系统可靠性和可操作性。

一、现场总线的种类

国际上现有 100 多种现场总线,对现场总线和网络拓扑结构的选择,不同的厂家有不同的方案,只要能够满足变电所综合自动化系统对通信速度和可靠性的要求,选择都是可行的。在电力系统影响较大的主要有 PROFIBUS、CAN、LonWorks 等。以下是主要的几种现场总线的应用情况。

1. PROFIBUS 现场总线

PROFIBUS 是由西门子、ABB 等十几家公司和德国技术部共同推出的,已经先后成为德国国家标准(DIN 19245)和欧洲标准(EU 50170),是一种开放而独立的现场总线标准,PROFIBUS 主要应用领域有:制造业自动化;汽车制造(机器人、装配线、冲压线等)、造纸、纺织;过程控制自动化(石化、制药、水泥、食品、啤酒);电力(发电、输配电);楼宇(空调、风机、照明)、铁路交通(信号系统)。

2. CAN 现场总线

CAN(Controller Area Network)总线是一种有效支持分布控制和实时控制的串行通信网络,是一种通信速率可达 1 Mbit/s 的多主总线,具有优先抢占方式进行总线仲裁的作用机理,错误帧可自动重发,永久故障可自动隔离,不影响整个网络正常工作,可靠性高,而且协议简单,开放性强,组网灵活,成本较低,能为电力自动化提供开放性、全分布及可互操作性的通信平台。CAN 现场总线网络具有多主、实时、高可靠性、低成本等优点,特别适用于在条件十分恶劣的工业现场进行实时数据传输。CAN 现场总线主要产品应用于汽车制造、公共交通车辆、机器人、液压系统、分散型 I/O。另外在电梯、医疗器械、工具机床、楼宇自动化等场合均有所应用。

3. LonWorks 总线

LonWorks 现场总线全称为 LonWorks NetWorks,即分布式智能控制网络技术。LonWorks 技术的基本部件是同时具有通信与控制功能的 Neuron 芯片。LonWorks 控制网络技术不受通信介质的限制,可使用通信介质类型较多:双绞线、光纤、同轴电缆、无线、红外等,各种通信介质能够在同一网络中混合使用。目前 LonWorks 应用范围广泛,主要包括工业控制、楼宇自动化、数据采集、SCADA 系统等,国内主要应用于楼宇自动化方面,如图 6-1 所示是 LonWorks 在变电所综合自动化系统中的应用案例。

二、现场总线与其他通信方式的比较

间隔层通信方式的比较见表 6-1。

表 6-1　间隔层通信方式比较

通信方式	特　　点
基于 RS-232 标准的简单传输	传输信息较模拟传输大,地点的连接,主从方式传输,传输速率较快,灵活性差
基于 RS-485 标准的简单传输	传输信息量大,可以连成网络,但网络的节点数较少,非平等节点结构,传输速率较快,轮信周期存在,实时性差
基于现场总线技术的传输	传输信息量大,网络连接,节点数较多,平等节点结构,传输速率较快,且实时性好
基于以太网技术的传输	传输信息量大,网络连接,节点数多,平等节点结构,传输速率极快,实时性好

从表 6-1 间隔层通信方式比较中可以看到,现场总线和以太网技术是较理想的通信方式。根据实践应用经验,目前现场总线技术仍是间隔层通信方式的首选,理由如下:

(1)变电站间隔层通信信息量有限,以太网的优势在这一层次表现不充分。按照 LonWorks 网络的指标,采用双绞线介质或光纤介质,通信速率可以达到 1.25 Mbit/s。这一速率可保证 30 个保护同时动作时,所有的数据不丢失,并在 2 s 之内全部传送到目的地址并在后台画面上有相应的反应。而根据理论分析,以太网在这种情况下,对指标并不会有太大的改善,因为以太网擅长的是大容量数据和长数据帧的传输。

(2)以太网连接目前需要的接口设备较复杂,采用电连接传输的距离相对现场总线也小得多。现场总线在网络器件方面的要求相对于以太网络也简单,一般在本设备上就可以实现接口技术。

综合上述两点,现场总线应用于间隔设备的连接,效益上要优于以太网,可采用现场总线作为间隔连接的主要方式。

现场总线与计算机以太网有相似之处,但也有差别。以太网适于一般作数据处理的计算机网络,而现场总线是作为现场测控网络,要求方便地适应多输入、多输出及各种类型的数据传输,要求满足通信的周期性、实时性和确定性,并适用于工业现场的恶劣环境。

现场总线除了具有以太网的一些优点外,最主要的是满足了工业过程控制所要求的现场设备通信的要求,且提供互换操作,使不同厂家的设备可互连也可互换,并可通过组态软件统

一组态,使所组成的系统适应性更为广泛。现场总线的开放性,使用户可方便地实现数据共享。

在以太网中,网卡和局域网之间的通信通过双绞线以串行传输方式进行,而网卡和计算机之间的通信则是通过计算机主板的 I/O 总线以并行方式进行传输。网络通信采用 TCP/IP 协议,每一个通信单元均要有唯一的 IP 地址。以太网是局域网中采用总线结构、以同轴电缆为传输介质的典型网络,随着光纤技术的发展,也可以用光纤为传输介质组建以太网,具有可靠性高、灵活、高速、兼容性好等优点,在变电所综合自动化系统的变电所层得到广泛使用。

1. 串行通信和并行通信有什么异同？它们各自的优缺点是什么？

2. RS-232C 的最基本数据传送引脚是哪几根？简述 RS-232 与 RS-485 的电气特性。

3. 为什么要在 RS-232C 与 TTL 之间加电平转换器件？一般采用那些转换器件,请以图说明。

4. 比较说明以太网与 LonWorks 通信的特点。

参 考 文 献

[1] 王亚妮. 变配电技术[M]. 北京:中国铁道出版社,2006.

[2] 路文梅. 变电站综合自动化技术[M]. 北京:中国电力出版社,2006.

[3] 丁书文. 变电站综合自动化原理及应用[M]. 北京:中国电力出版社,2002.

[4] 王远璋. 变电站综合自动化现场技术与运行维护[M]. 北京:中国电力出版社,2004.

[5] 黄益庄. 变电站综合自动化技术[M]. 北京:中国电力出版社,2000.

[6] 阎晓霞,苏小林. 变配电所二次系统[M]. 北京:中国电力出版社,2004.

[7] 零距离电脑培训学校丛书编委会. 局域网组建与管理培训教程[M]. 北京:机械工业出版社,2004.

[8] 杨新民,杨隽琳. 电力系统微机保护培训教材[M]. 北京:中国电力出版社,2000.

[9] 刘家军. 微机远动技术[M]. 北京:中国水利水电出版社,2005.